MANUEL PRATIQUE

DU

FABRICANT DE VINAIGRE

BIBLIOTHÈQUE DES ACTUALITÉS INDUSTRIELLES, Nº 79.

MANUEL PRATIQUE

DU

FABRICANT DE VINAIGRE

PAR

CH. FRANCHE

Ingénieur-chimiste

AVEC UNE PRÉFACE DE

A. TRILLAT

Directeur du Service d'Analyses et de Chimie appliquée à l'Institut Pasteur,
Conseiller du Commerce extérieur de la France.

PARIS

Librairie Bernard TIGNOL

PUBLICATIONS DE LA
LIBRAIRIE DE L'ÉCOLE CENTRALE DES ARTS & MANUFACTURES
53 *bis*, Quai des Grands-Augustins, 53 *bis*

PRÉFACE

Les industries dans lesquelles les phénomènes biologiques jouent un rôle prépondérant ont pris de nos jours un tel développement qu'il devient de plus en plus difficile d'en réunir les diverses parties dans un traité d'ensemble.

Non seulement les dimensions d'un tel ouvrage seraient trop vastes, mais, ce qui est plus grave, la compétence de l'auteur qui se chargerait de cette besogne serait mise à une trop rude épreuve, quelle que fût, du reste, son érudition.

En dehors des Traités de chimie, dans lesquels sont développés les principes généraux des industries de fermentation et qui sont destinés surtout à donner des notions fondamentales, il était désirable de voir surgir des ouvrages spéciaux pour chacune de ces industries. Il était à souhaiter que pareil sujet fût exposé par des spécialistes capables de saisir à la fois le côté théorique de la question aussi bien que le côté pratique et, ce qui

est plus difficile, d'interpréter les résultats acquis
et de donner des conseils aux intéressés.

Si, parmi ces industries, il en est sur lesquelles
nous sommes suffisamment documentés, comme
c'est le cas, par exemple, pour les industries de
distillerie ou de sucrerie, les questions se rappor-
tant à la fabrication du vinaigre ou de l'acide acétique ont été bien délaissées.

Le croirait-on ? Voilà une industrie nationale,
une des plus vieilles industries de fermentation,
peut-être la plus ancienne ; il semble donc que
nous devrions avoir facilement sous la main les
moyens de nous renseigner rapidement sur la
situation de la fabrication du vinaigre et de l'acide
acétique. Il n'en est rien ; ces renseignements, si
précieux à l'industriel comme au savant, sont
épars çà et là et ce n'est qu'avec beaucoup de
peine que l'on parvient à posséder quelques
notions sur certaines phases de l'acétification en
grand.

La raison en est qu'il existe encore un certain
nombre de procédés plus ou moins secrets dans
ces fabrications et que, dans beaucoup de vinaigreries, les *recettes* et les *tours de mains* sont
en grand honneur.

M. Ch. Franche, chimiste des plus distingués,
s'est résolument mis à cette tâche particulièrement

ingrate de résumer tout ce qui avait été fait sur cette question et, chose plus difficile, de recueillir quantité de documents inédits qu'il a puisés dans les fabriques mêmes.

Il en a fait un volume dont la lecture intéressera non seulement l'industriel mais aussi ceux à qui incombe le devoir si délicat d'expertiser des vinaigres ; bien plus, l'avocat comme l'hygiéniste qui, dans leur carrière, auront à s'occuper du vinaigre, à des points de vue différents bien entendu, seront également heureux d'avoir sous la main un semblable ouvrage.

M. Ch. Franche a exposé son sujet avec beaucoup de clarté et de méthode : il suffit de lire le chapitre d'introduction pour s'en rendre compte.

Nous sommes persuadés, pour notre part, que le monde scientifique et industriel fera un excellent accueil au livre de M. Ch. Franche, parce qu'il comble une lacune.

Nous ne pouvons que féliciter l'auteur pour le soin consciencieux qu'il a apporté à son travail.

A. TRILLAT

Directeur du Service d'Analyses et de Chimie
appliquée à l'Institut Pasteur, Conseiller du
Commerce extérieur de la France.

MANUEL PRATIQUE

DU VINAIGRIER

INTRODUCTION

De tous les ouvrages qui ont pour objet l'étude de
la chimie industrielle, ceux qui traitent de la fabrication du vinaigre et de l'acide acétique sont peut-
être les moins nombreux et cependant les progrès de
cette industrie ont été tels, qu'actuellement, on peut
envisager la fabrication du vinaigre comme arrivée à
son plus haut développement théorique.

Depuis les temps reculés où les peuples firent l'observation de la transformation du vin en vinaigre, les
choses ont bien changé et après avoir longtemps
cherché la clé du mystère de l'acétification, il fallut
arriver jusqu'à nos jours pour que Pasteur, par
ses travaux si remarquables sur cette question, don-
nât la solution du problème. Mais depuis lors quels
changements, quelle rapidité dans les progrès, que
de perfectionnements apportés. A tel point qu'en
trente années au plus, le champ des investigations

semble être totalement épuisé. La fabrication du vinaigre représente donc sous une des formes les plus particulièrement heureuses, l'application féconde des théories chimiques à l'industrie, et si au point de vue commercial cette industrie n'est pas une des plus brillantes, on ne doit pas pour cela en ignorer les bases techniques.

C'est pour répondre à ce besoin que ce modeste ouvrage a été écrit.

Dans une *première partie* sont exposés, en deux chapitres différents, l'historique de la question ainsi que les caractères physiques et chimiques de l'agent constituant le vinaigre, *l'acide acétique* ; puis on traite des différents modes de formation de cet acide et plus particulièrement de ceux employés dans l'industrie : la fermentation acétique et la distillation du bois. La fermentation acétique donne naissance plus spécialement au vinaigre, la distillation du bois fournit au contraire l'acide acétique commercial.

La *deuxième partie* s'occupe d'une façon détaillée du phénomène de la fermentation acétique, de sa nature, des travaux de Pasteur, et des conditions dans lesquelles s'effectue cette fermentation.

On s'occupe alors du choix des différents liquides auxquels on peut faire subir la fermentation acétique dans le but de produire du vinaigre, tels le vin, l'alcool, les mélasses, etc. et la fabrication du vinaigre en partant de ces substances est ensuite exposée avec les méthodes les plus connues et avec tous les détails techniques nécessaires. Enfin, après quelques remarques au sujet du traitement et de la conservation du produit obtenu, cette deuxième partie se termine par l'examen analytique du produit commercial vendu sous le nom de *vinaigre* et par la recherche des différentes falsifications que les fabricants peu scrupuleux lui font subir. On y mentionne également différentes considérations spéciales qui, bien qu'un peu en dehors de la question industrielle, sont cependant nécessaires pour compléter l'étude de la fabrication des vinaigres de fermentation. Telles, par exemple, l'hygiène de cette industrie et la législation française relative au vinaigre.

La *troisième partie* a pour but l'étude de l'acide acétique commercial obtenu par la distillation du bois.

Après l'historique de la question, on arrive tout naturellement à l'industrie même de cette distillation : le choix des bois, les différents procédés usités pour la distillation et le traitement des produits obtenus. Après l'étude et la préparation des divers acétates industriels ainsi que celle de l'acide acétique on termine enfin, comme précédemment, par des considérations sur l'analyse du produit obtenu et sur l'hygiène et la législation de cette industrie.

La *quatrième partie* qui termine cette étude envisage certaines considérations d'un ordre tout à fait général sur l'état actuel et l'avenir de cette industrie.

Tel est l'exposé de cet ouvrage. Nous n'avons pas eu la prétention de faire une œuvre parfaite, impossible à réaliser pour quiconque s'occupe des questions industrielles où les recherches et les découvertes modifient pour ainsi dire chaque jour le détail et la technique des opérations. Nous nous sommes surtout attachés à consigner le plus strictement possible

les différentes phases de l'industrie du vinaigre et
nous devons à ce sujet remercier vivement les industriels qui ont contribué à nous faciliter la tâche
par les renseignements précieux qu'ils ont bien voulu
nous fournir. Le lecteur, du reste, jugera lui-même
et si toutefois nous avons pu l'intéresser à cette branche particulière de nos industries nationales, notre
but sera atteint.

PREMIÈRE PARTIE

———

Généralités.

———

CHAPITRE PREMIER

Vinaigre. — Acide acétique. — Propriétés générales.

La découverte du vinaigre remonte à la plus haute antiquité et est sans doute due, comme le fait remarquer Chaptal, à l'inattention de quelques vignerons occupés à faire du vin. Moïse parle du vinaigre dont il paraît que les Israélites et d'autres peuples de l'Orient faisaient habituellement usage depuis un temps fort reculé. Pline fait également l'éloge de ce produit soit comme assaisonnement, soit comme médicament. Les Egyptiens eux-mêmes l'utilisaient et préparaient avec le vinaigre, du miel et de l'eau une boisson très agréable. Enfin, les Romains faisaient prendre à leurs soldats une mixture semblable pour leur donner de l'ardeur et du courage à la bataille. Cependant ce n'est que beaucoup plus tard que le vinaigre fut appliqué aux arts et à l'industrie et ce fut Glauber qui indiqua le premier un procédé permettant de le fabriquer.

Au point de vue chimique, le vinaigre est constitué par un mélange d'eau et d'acide acétique en proportions variables, mais généralement comprises entre 11 0/0 d'acide acétique pour les vinaigres riches et 5 0/0 pour les vinaigres pauvres. Indépendamment de l'acide acétique, le vinaigre renferme des principes aromatiques divers et les plus recherchés sont ceux dont le goût, l'arôme et le bouquet masquent complètement l'acidité crue de l'acide acétique. A ce titre, les vinaigres de vins sont les plus prisés et le vinaigre est d'autant plus fin que le vin est de meilleure qualité. Après les vinaigres de vins, ceux que l'on préfère, pour les usages culinaires, sont ceux de fruits, de pommes, de bière, d'eaux-de vie, d'alcool, de pommes de terre et de grains.

L'acide acétique, principe actif du vinaigre, est un hydrate de carbone. Il possède la fonction d'un acide, c'est-à dire qu'il peut se combiner aux bases pour former des sels, un atome d'hydrogène étant remplacé par un atome d'un métal monovalent ou un demi atome d'un métal bivalent ; sa formule chimique est $C^2H^4O^2$ ou CH^3CO^2H, c'est un acide monobasique qui donne, avec les métaux monovalents, des sels de la formule :

$$CH^3COOM' \text{ ou } C^2H^3O^2M'$$

M' étant un métal monovalent : et avec les métaux bivalents des sels de la formule :

$$(C^2H^3O^2)^2M''$$

M'' étant un métal bivalent.

Outre ces sels neutres, on connaît également des sels acides et des sels basiques.

L'acide acétique monohydraté, ou acide acétique cristallisable, est un liquide incolore, d'une odeur vive et suffocante. Au-dessous de + 17° c. il se solidifie en belles lames transparentes et très brillantes. Sa densité à l'état solide est de 1.080 à 0° ; à l'état liquide, à + 18° c. elle est de 1.063. Son point d'ébullition est à + 118° et à 760^{mm} de pression. Ce point d'ébullition est variable suivant la pression et voici, d'après Landolt, quelques points d'ébullition de l'acide acétique, sous diverses pressions :

Pressions mm	Points d'ébullition
1160	132°
960	126
700	119
560	109
360	96
160	73
60	48
30	31

Sa densité de vapeur est de 2,09 ; la vapeur d'acide acétique est inflammable.

Cette vapeur émise à diverses températures, possède une tension dont la valeur, d'après Ramsay, Young et Thomas, est représenté par le tableau suivant :

Température	Tension en mm. de mercure.
0	3.30
10	6.38
20	11.73
30	20.01
40	34.77
50	56.56
60	88.94
70	136.0
80	202.3
90	293.7
100	417.1
110	580.8
120	804.0
130	1083.0
140	1431.0
150	1863.0
160	2392.0
170	3034.9
180	3809.0
190	4735.0
200	5836.0
210	7124.0
220	8655.0
230	10426.0
240	12475.0
250	14832.0
260	175272.0
270	20590.0
280	24055.0
290	27951.0
300	32312.0
310	37268.0
320	42550.0

L'acide acétique cristallisé est solide, nous l'avons

vu, au-dessous de $+ 17°$; lorsqu'il est mélangé à des quantités d'eau plus ou moins considérables, ce point de solidification est modifié, et cela d'après le tableau suivant :

Point de solidification des mélanges d'eau et d'acide acétique.

Eau	Acide acétique	Point de solidification
0	100	16°7
1	99	14,8
2	98	13,3
3	97	11,9
4	96	10,5
5	95	9,4
6	94	8,2
7	93	7,1
8	92	6,2
9	91	5,3
10	90	4,3
11	89	3,6
12	88	2,7
13	87	— 1,4
24	76	— 11°0
31,18	68,82	— 18,9
38,14	61,85	— 24,0
49,38	50,62	— 19,8

(D'après MM. Rudorff et Grimaux).

L'acide acétique se mélange à l'eau et à l'alcool en toutes proportions. Mélangé à l'eau, il augmente de densité jusqu'à une certaine proportion, au delà de laquelle, la densité diminue. Ce maximum de densité est 1 0748 à $+15°C$ et correspond à peu près à un mélange de 80 0/0 d'acide et 20 0/0 d'eau.

La table suivante due à Oudemans indique la densité à $+15°C$ des différents mélanges d'acide acétique et d'eau.

Acide acétique cristallisable pour cent.	Densité à + 15° C.	Acide acétique cristallisable pour cent.	Densité à + 15° C.
0	0,9992	41	1,0533
1	1,0007	42	1,0543
2	1,0022	43	1,0552
3	1,0037	44	1,0562
4	1,0052	45	1,0571
5	1,0067	46	1,0580
6	1,0083	47	1,0589
7	1,0098	48	1,0598
8	1,0113	49	1,0607
9	1,0127	50	1,0615
10	1,0142	51	1,0623
11	1,0157	52	1,0631
12	1,0171	53	1,0638
13	1,0185	54	1,0646
14	1,0200	55	1,0653
15	1,0214	56	1,0660
16	1,0228	57	1,0666
17	1,0242	58	1,0673
18	1,0256	59	1,0679
19	1,0270	60	1,0685
20	1,0284	61	1,0691
21	1,0298	62	1,0697
22	1,0311	63	1,0702
23	1,0324	64	1,0707
24	1,0337	65	1,0712
25	1,0350	66	1,0717
26	1,0363	67	1,0721
27	1,0375	68	1,0725
28	1,0388	69	1,0729
29	1,0400	70	1,0733
30	1,0412	71	1,0737
31	1,0424	72	1,0740
32	1,0436	73	1,0742
33	1,0447	74	1,0744
34	1,0459	75	1,0746
35	1,0470	76	1,0747
36	1,0481	77	1,0748
37	1,0492	78	1,0748
38	1,0502	79	1,0748
39	1,0513	80	1,0748
40	1,0523	81	1,0747

Acide acétique cristallisable pour cent.	Densité à + 15° C.	Acide acétique cristallisable pour cent.	Densité à + 15° C.
82	1,0746	92	1,0696
83	1,0744	93	1,0686
84	1,0742	94	1,0674
85	1,0739	95	1,0660
86	1,0736	96	1,0644
87	1,0731	97	1,0625
88	1,0726	98	1,0604
89	1,0720	99	1,0580
90	1,0713	100	1,0553
91	1,0705		

On remarquera aisément par ce tableau que les densités des mélanges d'acide acétique et d'eau ne suivent pas une marche régulière.

Cette remarque est encore plus frappante si on traduit les résultats obtenus dans le tableau précédent par une courbe dans laquelle les abcisses représentent la quantité 0/0 d'acide acétique et les ordonnées les densités à + 15° C. des mélanges obtenus.

On voit, en considérant cette courbe, que la densité d'un mélange d'eau et d'acide acétique augmente rapidement avec la concentration, elle atteint une limite extrême et diminue ensuite moins rapidement jusqu'à la concentration maximum.

L'accroissement de cette densité n'est pas proportionnel à la concentration ; c'est ainsi qu'entre 15 et 20 0/0 par exemple cet accroissement est de 0,0070 pour atteindre entre 20 et 25 0/0 la valeur de 0,0066, puis de 0,0062 entre 25 et 30 0/0, il atteint enfin 0,0013 entre 70 et 75 0/0 et 0,0002 entre 75 et 80 0/0.

Ces différentes considérations montrent qu'il est impossible de se baser sur la valeur de cette densité pour déterminer la concentration d'un acide donné.

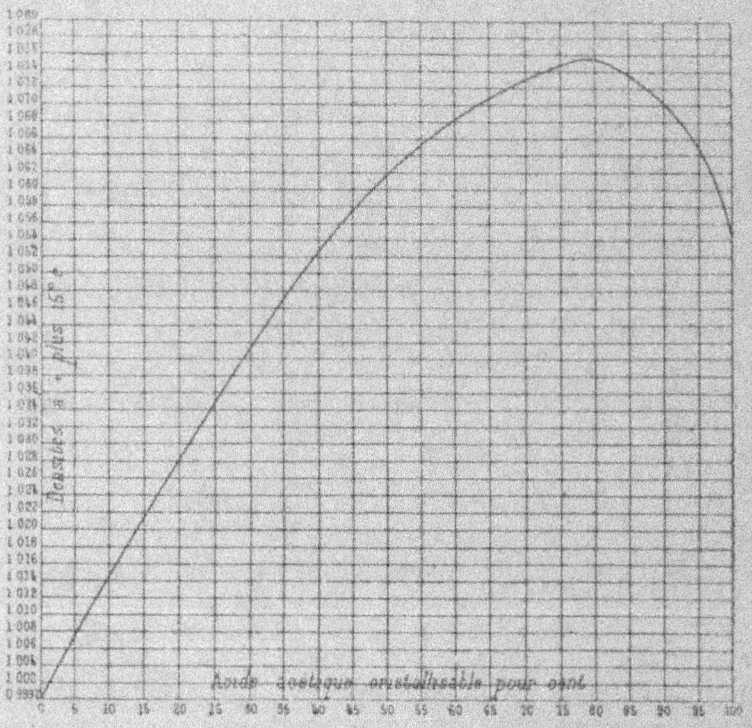

Fig. 1.

L'acide acétique dissout un grand nombre de matières organiques : cette propriété a été utilisée par M. Raoult dans ses expériences sur la cryoscopie et les tensions de vapeur des dissolutions. L'acide acétique est également miscible à l'alcool, et ce mélange se comporte dans certaines conditions d'une manière curieuse : 4 parties d'alcool et 1 d'acide cristallisable ne rougissent pas la teinture bleue de tournesol, et même ne décomposent pas les solutions saturées de carbonates alcalins.

L'acide acétique cristallisable n'attaque pas non plus le carbonate de chaux ; mais si l'on y ajoute de l'eau, il se forme de l'acétate et l'acide carbonique est mis en liberté.

Sous l'influence de la chaleur, l'acide acétique passe à la distillation sans éprouver aucune altération. A une chaleur rouge il ne se décompose que partielle-lement et assez difficilement, en donnant naissance à du formène, de l'acide carbonique et de l'acétone. Ces divers corps, en réagissant les uns sur les autres, ou en se décomposant eux-mêmes, donnent de l'acétylène, du benzène, du naphtalène, etc.., et un dépôt abondant de charbon.

Les divers éléments réagissent sur l'acide acétique de la façon suivante :

L'hydrogène naissant transforme l'acide acétique en hydrure d'éthyle.

L'oxygène à peu d'action sur l'acide acétique lui-même, en dehors des phénomènes de combustion, mais l'oxygène naissant peut transformer les acétates en oxalates correspondants.

Le chlore ne l'attaque nullement dans l'obscurité ; cette attaque est très lente à la lumière diffuse, mais elle se produit rapidement à la lumière solaire : il se forme dans ces conditions un mélange d'acide monochloracétique et d'acide trichloracétique.

$$CH^3CO^2H + Cl^2 = CH^2ClCO^2H + HCl$$
$$CH^3CO^2H + 3Cl^2 = CCl^3CO^2H + 3HCl.$$

Le brôme a une action analogue. L'acide sulfurique anhydre se dissout dans l'acide acétique sans réaction. En chauffant plusieurs jours, de l'acide sulfacétique prend naissance, mais l'eau détruit cette combinaison. L'acide nitrique est sans action appréciable sur l'acide acétique. L'acide periodique qui est un oxydant très énergique, l'attaque en produisant de l'acide carbonique et de l'acide formique.

L'action de l'acide acétique sur les métaux est très intéressante en ce sens qu'elle est le point de départ de considérations industrielles importantes et qu'elle permet de déterminer exactement la nature des différents matériaux à utiliser dans la fabrication.

Certains métaux peuvent décomposer l'acide acétique en donnant lieu, ainsi que nous l'avons vu, à des sels correspondants neutres, acides ou basiques. Tous ces sels sont généralement solubles dans l'eau, sauf toutefois ceux d'argent et de mercure qui sont très peu solubles ; ils sont aussi en général assez solubles dans l'alcool. Certains d'entre eux et en particulier ceux de cuivre sont très vénéneux. Ces considérations font que, généralement, les métaux doivent être exclus de la fabrication du vinaigre et de l'acide acétique, surtout lorsque ces métaux doivent être en contact avec l'acide lui-même.

Cependant il existe certains alliages qui sont assez résistants à l'action de l'acide acétique et que l'on peut utiliser pour les petites pièces, écrous, tubes,

petits tuyaux, etc., cet alliage a la composition suivante :

$$Etain............ 93\ 0/0$$
$$Aluminium.... 7\ 0/0$$

Nous devons également signaler l'alliage résistant
de Richardson et Motte qui peut être avantageuse-
ment employé pour l'étamage des différents organes
de la fabrication. Cet étamage est ainsi composé :

$$Etain......... 4\ Kg.\ 534$$
$$Nickel......... 0\ Kg.\ 283$$
$$Fer........... 0\ Kg.\ 198$$

Mélange que l'on fait fondre avec un flux de borax
et de verre.

L'acide acétique possède un anhydride $(C^2H^3O^2)O$
découvert en 1853 par Gerhardt. Cet acide acétique
anhydre est un liquide incolore, très mobile et très
réfringent, d'odeur fort vive et caractéristique. Son
poids spécifique est égal à 1,073, son point d'ébullition est $+ 137°5$ E. Il s'hydrate lentement au contact
de l'air : quand on le verse dans l'eau, il ne se mélange que peu à peu à ce liquide.

CHAPITRE II

Origines chimiques de l'acide acétique

L'acide acétique se rencontre rarement en grande
quantité à l'état libre, cependant il existe assez fréquemment tout formé, dans beaucoup de végétaux,
notamment dans les graines qui germent. On le retrouve encore dans la sueur et dans une foule de
sécrétions, mais si cela vaut d'être mentionné, c'est
néanmoins dénué de tout intérêt pratique.

Chimiquement parlant il se produit dans l'oxydation des divers composés, tels que l'alcool, l'aldéhyde, les carbures ; c'est du reste un procédé général d'obtention des acides organiques qui ne convient pas seulement à l'acide acétique. On peut également l'obtenir par l'action de la chaleur seule, ou
de la chaleur et de l'acide sulfurique sur les différents acétates, mais ces procédés sont plutôt des procédés de laboratoire que des procédés industriels.
Lorsque l'on chauffe le bois en vase clos, les substances organiques fort complexes dont il est formé
se décomposent pour donner naissance à une série de
produits moins complexes, parmi lesquels figurent
surtout l'acide acétique qui prend alors le nom

d'acide pyroligneux, puis des goudrons, de l'ammoniaque, de l'alcool méthylique.

L'acide acétique est un terme constant des décompositions pyrogénées. Il n'y a donc pas à s'étonner de le rencontrer presque toujours en plus ou moins grande quantité dans les décompositions par la chaleur de presque tous les corps organiques. On trouve, dans les écrits de Glauber, la découverte par lui de l'acide acétique dans les produits de la distillation du bois, mais les données de ce chimiste non seulement ne reçurent aucune application mais encore elles furent perdues pour la science ; et il fallut que trois siècles après, en Bourgogne, un autre les découvrit à nouveau pour les appliquer à la préparation du vinaigre de bois.

Nous avons dit plus haut que l'acide acétique prenait naissance par suite de l'oxydation de certains composés organiques. Ces phénomènes d'oxydation peuvent être produits par des corps ayant une semblable propriété, comme les acides nitrique, chromique, permanganique et bien d'autres substances.

Ces phénomènes d'oxydation peuvent être aussi le résultat de l'action de petits organismes que l'on nomme *ferments* et qui remplissent au point de vue chimique le même rôle que les matières oxydantes ; c'est ainsi qu'il se trouvera nécessairement de l'acide acétique dans les produits de la fermentation. Ce phénomène dont l'étude a été si magistralement conduite par Pasteur porte le nom de *fermentation acétique*. Les alcalis caustiques, tels que la potasse, la soude, la chaux produisent aussi très fréquemment de l'acide acétique en agissant sur les matières organiques. Il en va ainsi, lorsque l'on chauffe du sucre, des gommes, ou de la cellulose, du coton par exemple avec de la lessive de potasse concentrée.

On signale encore certains procédés particuliers de production d'acide acétique dont nous ne parlerons que pour mémoire bien que l'on ait tenté, pour l'un d'eux au moins, de l'exploiter industriellement. Ce procédé consiste à employer la mousse de platine comme agent d'oxydation. En effet, si l'on humecte d'alcool fort de la *mousse de platine* et qu'on expose ce mélange à l'air, il se produit un léger dégagement de chaleur et en même temps une proportion importante d'acide acétique. Il y a eu oxydation dans ce phénomène, pas autre chose, et c'est la mousse de platine qui par ses propriétés spéciales de condenser l'oxygène de l'air dans ses pores a provoqué cette oxydation. Si simple et si séduisant que puisse paraître ce procédé de préparation, il n'est pas applicable en grand pour diverses raisons que nous exposerons plus loin.

Enfin un dernier procédé de production de l'acide acétique consisterait dans l'électrolyse d'une solution diluée d'alcool et acidulée par un acide bon conducteur de l'électricité qui peut très bien être l'acide acétique lui-même.

On voit d'après cela que les circonstances qui donnent naissance à l'acide acétique sont très multiples et en même temps très variées, et que rien n'est plus facile que d'extraire l'acide acétique d'un grand nombre de corps organiques. Cependant, même en présence de ces nombreuses circonstances de formation, toutes égales devant le chimiste, l'industrie de l'acide acétique et du vinaigre n'utilise que deux des modes d'obtention de ces produits : l'oxydation des liquides alcooliques et cela par le phénomène dit de la *fermentation acétique* et la *distillation du bois*.

La fermentation acétique qui n'est autre qu'un phénomène d'oxydation est spécialement utilisée pour la production du vinaigre, la distillation du bois étant plus généralement réservée à la fabrication de l'acide acétique commercial. On peut adjoindre à ces deux procédés un autre beaucoup moins important : la décomposition de certains acétates, dans des conditions particulières, pour la production de l'anhydride acétique.

DEUXIÈME PARTIE

Fermentation acétique et vinaigres de fermentation.

CHAPITRE III

De la Fermentation acétique

On donne, nous l'avons dit, le nom de *fermentation acétique* au phénomène particulier qui transforme par voie d'oxydation, l'alcool en acide acétique. La nature de ce phénomène a échappé longtemps à la sagacité des savants et comme dans toute chose semblable les opinions émises à ce sujet furent longtemps très diverses et très discutées.

Macquer, dès 1778, admettait que le vin pouvait se transformer en vinaigre sans le concours de l'air. L'abbé Rogier soutint surtout l'opinion contraire et démontra expérimentalement l'absorption de l'air pendant la transformation acétique du vin. Lavoisier se rangea à cet avis et, selon ce savant, la fermentation acéteuse ne serait autre chose que la transfortion de l'alcool en acide acétique par absorption de l'oxygène de l'air.

Cependant l'explication définitive n'était pas encore trouvée et les choses restèrent en l'état jusqu'à l'époque où Pasteur s'occupa de cette question et en donna la solution rationnelle.

A la suite de ses nombreux travaux, il fut conduit à admettre dans le phénomène de l'acétification la présence d'un organisme particuler nommé *ferment acétique* jouant, vis-à-vis de l'alcool du vin, le rôle d'oxydant. Il remarqua tout d'abord l'influence de l'air dans l'acétification, puisque la fermentation acétique ne s'accomplit pas dans un milieu privé d'air. Du reste la différence entre la composition chimique de l'alcool, d'une part, et celle de l'acide acétique, d'autre part, montre bien que le phénomène est dû à une action oxydante. En effet, tandis que 100 parties en poids d'alcool renferment :

Charbon	52,18
Hydrogène ..	13,04
Oxygène....	34,78
	100,00

l'acide acétique renferme

Charbon	40,00
Hydrogène ..	6,66
Oxygène	53,34
	100,00

Ce qui démontre bien la nature de la réaction.

De ce fait probant, il semblait donc résulter que l'action oxydante de l'air devait nécessairement transformer l'alcool en acide acétique et cependant, ainsi que le démontra Pasteur, dans aucun cas un mélange d'eau et d'alcool exposé à l'air ne donna lieu à de l'acide acétique. Il existe donc une cause à cette différence considérable que nous présente sous ce rapport le vin naturel et l'eau alcoolisée. Certains savants pensèrent que la nature du vin, les différents éléments qu'il renferme avaient, tout au moins pour l'un d'eux, la propriété de favoriser ce phénomène d'oxydation : C'est ainsi qu'un chimiste italien Fabroni émit l'opinion, qu'il appuya du reste d'observations diverses, que la fermentation vineuse devait être due à la présence dans le vin d'une matière d'origine végétale qu'il désigna sous le nom de *principe végéto-animal* et la preuve la plus éclatante qu'il donnait pour appuyer cette théorie était la suivante :

Si au mélange d'eau alcoolisée que nous avons envisagé tout à l'heure, mélange non acétifiable, on ajoute ce principe végéto-animal sous la forme de matières albuminoïdes quelconques, sang, jus de viande, etc., la fermentation acétique prend naissance. Cette théorie se suffisait donc à elle-même, jusqu'au jour où Pasteur démontra que cet intermédiaire n'était pas nécessairement une matière albuminoïde inerte, mais bien au contraire une plante vivante décrite la première fois en 1822 par Versoon, à laquelle on donne le nom de *mycoderma aceti* et qui n'est autre chose que ce que l'on désignait avant lui sous le nom de *fleurs du vinaigre*.

Telle fut la découverte de Pasteur ; les preuves qui en furent données ne se comptent plus, et les faits observés avant lui trouvèrent de suite une explication irréfutable.

C'est ainsi que le vin enfermé dans un espace clos et chauffé ne s'aigrit plus par ce que la chaleur a détruit les germes du mycoderma acéti contenus dans cet air ; ce vin chauffé au contraire à l'air libre pourra s'acétifier, car si l'on a détruit les germes propres au vin lui-même, on ne peut empêcher ceux contenus dans l'air de tomber dans ce vin et d'y croître. De même le mélange d'eau et d'alcool ne peut s'acétifier car les germes de mycoderma qui s'y trouvent ne peuvent se développer, le mélange ne contenant pas de principes capables d'entretenir la vie de la plante ; et la preuve de ce fait est facile à mettre en évidence : si on place dans ce mélange des corps riches en azote, des phosphates alcalins et d'ammoniaque par exemple, la plante pouvant se développer, il y aura acétification.

Nature du mycoderma acéti. — Son rôle dans l'acétification.

Le mycoderma acéti est un végétal cryptogamique : « C'est une plante, la plante la plus simple que l'on puisse imaginer, une espèce de champignon. Il se présente en chapelets d'articles comme le montre la figure 2 ; en général ces articles sont légèrement

étranglés vers le milieu, dont le diamètre, variable
suivant les conditions de formation et de vie de la
plante, est en général voisin de 1,5 millième de millimètre. La longueur de l'article est à peu près le dou-

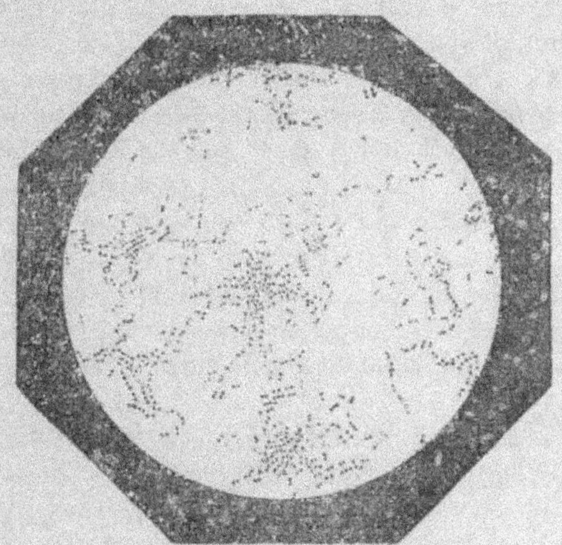

Fig. 2.

ble de la largeur, et comme il est étranglé en son milieu on dirait une réunion de deux petits globules,
surtout lorsque l'étranglement est court, et quand il
y a une couche, une pellicule un peu serrée de ces
articles, on croirait avoir sous les yeux un amas de
petits grains ou de petits globules. Le mode de mul-
tiplication de ces articles n'est pas douteux : chacun d'eux s'étrangle de plus en plus en son milieu
et donne deux nouveaux globules ou articles qui
s'étrangleront eux-mêmes en grandissant, et ainsi de
suite, avec une rapidité prodigieuse » (Pasteur).

« Ces articles sont extrêmement petits ; il en faudrait environ 500, rangés bout à bout, pour faire un millimètre. Ces petits êtres se multiplient avec une rapidité telle qu'on peut, en déposant une semence imperceptible sur un liquide contenu dans un vase de 1 mq. de superficie, le voir en 24 heures ou au plus 48 heures, se recouvrir entièrement d'un voile velouté uniforme. En supposant 300.000 articles par mm. carré, cela donne pour la cuve 300 milliards d'articles produits en un temps très court. » (Pasteur). L'imagination reste étonnée d'une fécondité aussi merveilleuse ! Si les infiniments petits sont placés dans des conditions désavantageuses vis-à-vis des autres êtres, il faut bien reconnaître que la nature les a formidablement armés pour la lutte par le nombre.

On peut, ainsi que l'a indiqué Pasteur, composer des liquides permettant de favoriser le développement du micoderme dans des limites tout à fait surprenantes. Que l'on en juge par l'exemple suivant :

Si l'on prend un liquide formé de :

$$100 \text{ parties d'eau de levure}$$
$$1 \text{ ou } 2 \text{ parties d'acide acétique}$$
$$3 \text{ ou } 4 \text{ parties d'alcool}$$

et que l'on sème à la surface quelques traces du mycoderma acéti, à la température de 20° environ, dès le lendemain ou le surlendemain, la surface du liquide, quelle que soit son étendue, sera recouverte d'un voile uni formé par les petits articles du micoderme.

De même pour se procurer une première fois une

semence de mycoderma acéti, on peut employer le liquide précédent ou des liquides analogues qui donnent toujours après un temps plus ou moins long un voile de mycoderma acéti. Cette génération se produit par les poussières de l'air qui contiennent toujours des semences de cette plante. Parmi les autres liquides permettant d'obtenir spontanément ce mycoderma acéti, Pasteur recommande les mélanges suivants :

Vin rouge ou blanc ordinaire......	1 volume
Eau...............................	2 volumes
Vinaigre (à 7 0/0 environ d'acide acétique).......................	1 volume
Ou bien :	
Bière..............................	1 volume
Eau...............................	1 volume
Vinaigre..........................	1 volume

Le mycoderma acéti ainsi obtenu, il ne faudrait pas croire que la plante se trouve dans le plus grand état de pureté ; l'air en effet qui joue le rôle de semeur de ce ferment, apporte en même temps bien d'autres éléments qui ont aussi ce développement, et parmi ces derniers le plus important est le cryptogame connu sous le nom de *mycoderma vini* ; il est donc nécessaire de favoriser autant que possible le développement du mycoderma acéti et d'entraver au contraire celui du mycoderma vini, et c'est dans ce but que Pasteur recommande dans les liquides cités plus haut l'emploi de l'acide acétique ou de vinaigre.

Conditions dans lesquelles doit s'accomplir la
fermentation acétique. — Rôle des agents exté-
rieurs.

Le phénomène de l'acétification, phénomène dû
à l'existence et au développement du mycoderma
acéti peut donc être envisagé sous deux aspects :
chimiquement et biologiquement.

Chimiquement, on l'exprimera par une simple
réaction ; l'alcool au contact de l'oxygène de l'air
se comporte d'après l'équation :

$$\underbrace{C^2H^6O}_{\text{alcool}} + \underbrace{O^2}_{\substack{\text{oxygène} \\ \text{de l'air}}} = \underbrace{C^2H^4O^2}_{\substack{\text{acide} \\ \text{acétique}}} + \underbrace{H^2O}_{\text{eau}}$$

En effet l'acide acétique $C^2H^4O^2$ r.e diffère de l'alcool que par 2 H en moins et 1 O en plus. La réaction
a lieu en deux phases en réalité, et il y a production
d'un corps intermédiaire, l'aldéhyde C^2H^4O, puis
réoxydation de ce corps par fixation d'un O, d'où
$C^2H^4O^2$, acide acétique. Pour être exact, il faut donc
écrire la réaction comme ceci.

Première phase :

$$\underbrace{C^2H^6O}_{\text{a cool}} + \underbrace{O}_{\text{oxygène}} = \underbrace{C^2H^4O}_{\text{aldéhyde}} + \underbrace{H^2O}_{\substack{\text{(eau)} \\ \text{éliminant} \\ \text{l'hydrogène}}}$$

Deuxième phase :

$$\underset{\text{aldéhyde}}{C^2H^4O} + \underset{\text{oxygène}}{O} = \underset{\substack{\text{acide acétique} \\ \text{par fixation} \\ \text{de O}}}{C^2H^4O^2}$$

Si nous utilisons maintenant les poids atomiques des éléments mis en réaction, nous voyons que 46 kilogrammes d'alcool exigent 32 kilogrammes d'oxygène pour passer à l'état d'acide acétique. Ces 32 kg. constituent un volume de 22.300 litres et sont renfermés dans 107 mètres cubes d'air atmosphérique. Avec les quantités ci-dessus, on obtient 60 kilogrammes d'acide acétique pur anhydre. Il ne faut pas oublier que ce sont là des données théoriques ; il ne faut pas non plus en exagérer l'importance, ni au contraire les négliger.

De même on peut remarquer que, théoriquement, 100 litres d'alcool sont transformables en 103 kg. 6 d'acide acétique monohydraté, ou, ce qui revient au même, qu'un hectolitre d'alcool à $10°$ donnerait d'après la formule de transformation un hectolitre d'acide acétique à $10°36$. En réalité, les rendements industriels varient de 75 à 85 0/0 du rendement théorique, par suite des pertes dues à l'évaporation, à l'action du mycoderma acéti sur le vinaigre et à l'alcool non transformé.

Au point de vue biologique, l'acétification peut être considérée comme l'expression intime de l'existence du mycoderma acéti et comme pour tout être organisé, il faut que cette vie soit assurée de façon à donner le maximum de travail que l'on peut attendre de cette plante. Comme plante, en effet, le mycoderme a besoin pour se nourrir, naître, croître, en un mot pour vivre de certains matériaux, d'aliments qui se composent d'un peu de matière albuminoïde et de phosphates. Car le phosphate et l'azote sont indispensables à la vie de tout être. Ses exigences à ce point de vue sont loin d'être grandes ; quelques dix millèmes de ces substances dans le liquide où il se développe sont suffisants pour assurer un état florissant au mycoderma acéti.

Le ferment du vinaigre lorsqu'il se trouve dans un liquide remplissant les conditions nécessaires à son existence se développe et se multiplie comme on vient de le voir. Mais l'ensemble de tous les articles contenus dans un récipient, qui constitue en somme une vaste colonie, pour employer le terme consacré en microbiologie, peut présenter plusieurs aspects suivant les circonstances de sa formation et d'après lesquels on a pu le désigner sous le nom de *pellicule mycodermique, état membraneux* et *état mucilagineux.* Ces différences ont une grande importance ; en effet, à l'état de *mycoderme*, le mycoderma acéti constitue un voile uniforme, velouté s'étendant sur toute la surface du liquide, d'apparence plus ou moins sèche, plus ou moins ridée, mais caractérisé surtout par ce qu'il ne se laisse pas mouiller, ni *submerger* par les couches de liquide sous-jacent, à cause des matières grasses que la plante secrète en petite quantité. Suivant son âge cette pellicule de *mycoderme* est plus ou moins épaisse, plus ou moins résistante, grasse au toucher. Si on l'enlève soigneusement, il ne reste au-dessous qu'un liquide acide ne contenant pas de mycoderma aceti en masse agglomérée, mais renfermant des individus isolés, et même en grande quantité, à tel point que aussitôt enlevé, le voile se reforme rapidement, et cela autant de fois et aussi longtemps qu'il y aura des ressources nutritives pour la plante et des conditions d'existence favorables dans le milieu liquide.

C'est seulement lorsqu'il s'est développé sous cet état que nous venons de décrire que le mycoderma acéti est utile au vinaigrier. Sous cet état seul, en effet, il est à la fois en contact avec l'air et le liquide alcoolique, les deux éléments qu'il doit mettre en réaction. Ceci est d'une extrême importance car dès qu'une cause extérieure quelconque, par exemple l'agitation mécanique par addition d'une certaine quantité de liquide, provoque la submersion du voile mycodermique, il gagne le fond en raison de sa densité, et est désormais inapte au transport de l'oxygène sur l'alcool; il ne saurait, en effet, trouver assez d'oxygène dissout dans le liquide pour opérer l'acétification. Néanmoins il continue à vivre et à se développer aux dépens des principes azotés et minéraux et c'est alors qu'il prend l'*état membraneux*. Il affecte la forme de membranes ténues qui rayonnent dans le sein du liquide et l'envahissent graduellement, à tel point qu'il arrive souvent que ces membranes occupent une grande partie de la capacité des tonneaux. C'est à cette variété de mycoderma acéti que l'on a donné le nom de *mère du vinaigre*. Dans le procédé d'Orléans, comme on le verra plus loin, les additions hebdomadaires de liquide trop souvent faites sans précautions, favorisent énormément le développement de l'état membraneux, en projetant tous les huit jours le voile mycodermique au fond des tonneaux. La *mère du vinaigre* qui se développe dans ce procédé a été longtemps considérée comme la cause de la transformation du vin dans le procédé d'Orléans. De là, les expressions des ouvriers : la *mère travaille bien*, la *mère est paresseuse*, la *mère est malade*. On sait aujourd'hui que la *mère* est entièrement inutile, et que c'est seulement le léger voile de la surface qui agit.

L'énergie du mycoderme sous la forme de voile est extrême. Il absorbe l'oxygène et le fixe sur l'alcool avec une puissance vraiment extraordinaire. La formation de vapeur d'eau, conséquence de l'élévation de température, laquelle est également conséquence de la réaction, en témoigne. Le poids de la matière agissante est très faible comparativement à l'oxygène mis en œuvre. C'est ainsi qu'une pellicule de mycoderme, pesant à l'état sec un centigramme, fixe 1 gr. 300 d'oxygène, soit plus de 100 fois son poids. C'est ce qui explique que le contact de l'air est indispensable, et que submergée la plante tout en continuant de vivre, ne peut plus acétifier l'alcool, faute de matériaux.

Il nous reste à parler de la *forme mucilagineuse*. Elle est plus rare et a été seulement observée chez le mycoderma acéti du vinaigre chinois, appelé dans ce pays Dzou-no-dzé. Ce n'est pas une espèce différente de mycoderma acéti, mais seulement une forme différente.

Le mycoderma acéti se développe toujours à l'état de voile, qu'on pourrait appeler état muqueux ; ce voile se forme aussi bien lorsque les germes sont uniformément répandus à la surface du liquide, que lorsqu'ils existent au sein même de la liqueur. C'est pour cette dernière raison que le voile peut se reformer après la submersion. Mais lorsque quelque

trace de germe, si faible soit-elle, existe au sein de
la liqueur on peut être assuré que le mycoderma
aceti se développera concurremment à la surface et
dans le sein de celle-ci. *C'est pour cette raison qu'il est
absolument indispensable de filtrer très soigneusement les
vins ou le vinaigre que l'on doit introduire dans les appareils d'acétification.* Le fabricant ne doit pas oublier
cette condition essentielle.

Voyons maintenant les conditions d'existence de
la plante, dans les trois cas d'un liquide *très alcoolique*, d'un liquide *moyennement alcoolique* (comme le
vin, par exemple) et d'un liquide *acétique* dont tout
l'alcool a disparu.

Dans un liquide très alcoolique, et ce qualificatif relativement au mycoderma s'applique à tout liquide
titrant plus de 14° d'alcool, la plante ne peut pas
fonctionner normalement. Elle subit une modification profonde, le voile ou les membranes devien-
nent opaques, blafards, inconsistants et fragiles. L'alcool est encore transformé par lui, mais en divers
produits intermédiaires parmi lesquels l'aldéhyde
est le plus important en quantité. L'acide acétique
ne figure que pour une très faible proportion. Bref,
il faut éviter d'employer des liquides d'un tel degré
alcoolique. Ceci intéresse surtout le fabricant dont
le point de départ est l'alcool industriel et non pas le
vin.

Dans un liquide moyennement alcoolique, c'est-à-dire
au-dessous de 12 à 14° et nous pouvons prendre
le vin comme exemple, la plante se développe normalement en suivant les phases décrites plus haut.
L'acétification est accompagnée à ses débuts de la

formation de produits éthérés encore mal connus, d'odeur et de saveur agréables qui constituent le bouquet des vinaigres bien préparés. Une certaine lenteur dans l'acétification est favorable à la formation de ces produits, aussi bien comme qualité que comme quantité. Au contraire, les procédés rapides ont le défaut de ne pouvoir fournir ce bouquet, ce qui rend leurs vinaigres moins fins : d'où la supériorité incontestable des vinaigres fabriqués par le vieux procédé d'Orléans que nous décrirons plus loin. Une autre cause que la trop grande rapidité peut priver le vinaigre des matières éthérées qui lui donnent du bouquet, par une propriété analogue au bouquet des vins : c'est lorsque l'acétification est poussée trop loin, en un mot lorsque, dès l'instant que l'alcool a presque disparu on laisse le produit au contact du mycoderma. Nous rentrons alors dans le troisième cas que nous devons examiner, *celui d'un liquide acétique dont tout l'alcool a disparu.*

Dans ce cas, le mycoderma continue à vivre et à se multiplier. Mais, poursuivant sa fonction, il fixe l'oxygène non plus sur l'alcool absent, mais sur les produits éthérés d'abord, puis sur l'acide acétique lui même, qu'il brûle littéralement en le transformant en acide carbonique et en eau, d'après la réaction suivante :

$$C^2H^4O^2 + 4O = 2CO^2 + 2H^2O$$

La destruction de l'acide acétique commence déjà avant que l'alcool ne manque totalement dans la liqueur, c'est pour cela qu'il reste toujours dans le vinaigre un peu d'alcool (1 à 2 0/0). Le fabricant à en effet intérêt à ne pas pousser l'acétification à fond, car il détruirait et la force et l'arome de son vinaigre.

Si l'on rajoute de l'alcool dans la liqueur où l'acide est en voie de destruction, le phénomène change : l'alcool devient l'objectif de la plante, et l'acide est respecté.

Nous profiterons de l'enseignement de ces phènomènes pour bien mettre au point la nature et le rôle du ferment acétique. On peut distinguer chez lui deux fonctions : celle de la vie et sa fonction de transport de l'oxygène. Il peut vivre dans toute sorte de liquide pourvu qu'il y trouve des éléments, et à ce point de vue il n'est pas difficile : quelques millièmes d'azote organique et de phosphore, et un milieu favorable, c'est-à-dire. ni trop acide, ni trop alcalin, ni trop alcoolique, ni *antiseptique*. L'acide sulfureux qui est antiseptique le tue, ou peut le gêner dans son développement. C'est la raison pour laquelle les vins méchés au soufre s'acétifient difficilement ou pas du tout.

Il peut exercer sa fonction de transport de l'oxygène et avec une énergie dont nous avons donné idée par quelques chiffres plus haut, lorsqu'il trouve simultanément à sa portée de l'oxygène libre, c'est-à-dire de l'air, et un corps oxydable l'alcool, l'acide acétique, ou les produits éthérés du bouquet.

Si ces conditions ne sont pas remplies, il vivra sans fixer d'oxygène. Par exemple, elles ne sont pas remplies lorsqu'il se trouve au fond du liquide sous forme de *mère* (absence d'air) ou bien lorsqu'il n'y a ni alcool, ni acide acétique à brûler (liquide sim-

plement nutritif). Enfin lorsqu'il y a simultanément
en présence de l'air, de l'alcool et de l'acide acétique, c'est d'abord l'alcool qui sera brûlé jusqu'à
concurrence d'une proportion minime de (1 à 1,5
p. 100) puis à partir de cet instant, concurremment
l'alcool et l'acide acétique ainsi que les substances
aromatiques du bouquet. Si on laisse alors l'action
se continuer, tout le vinaigre disparaîtra pour faire
place à un liquide parfaitement neutre, qui sera
tout prêt à des transformations d'un autre ordre : la
putréfaction. Le ferment aura alors rempli son rôle
assigné par la nature et fera place à d'autres infiniment petits qui par la putréfaction réduiront en produits plus simples encore les matières résiduaires de
l'action, et ainsi jusqu'au recommencement qui est
la loi naturelle. Le mycoderma aceti apparaît ainsi
dans son véritable rôle : c'est un champignon do-
mestique, pas autre chose ! L'homme utilise ses propriétés utiles, et doit se garantir de ses aptitudes
nuisibles qui sont la destruction de l'acide acétique.
C'est l'éternelle analogie du petit au grand.

Il nous reste à voir quelles sont les conditions de
température les plus favorables au développement
et au fonctionnement du mycoderma. On a reconnu
depuis longtemps que les étés chauds sont les plus
favorables aux altérations du vin par le ferment acétique. Pasteur a confirmé ces données de l'expérience :
d'après lui une température de 20 à 32° est la plus
favorable. Plus il fait chaud, plus on est près du
maximum 30-35°, plus l'acétification est rapide. Mais
il est une vérité d'expérience, c'est qu'une fois commencée à 20° par exemple, l'acétification peut se

continuer à une température plus basse : bien des caves où les vins s'altèrent par ce processus sont à 10° au plus. Dans de telles conditions la fermentation est très longue et cela en proportion de l'abaissement de température, mais on a reconnu que le vinaigre était de beaucoup supérieur. Nous en avons déjà dit la raison.

Un point intéressant d'une façon assez sérieuse les industriels vinaigriers est de savoir, quel est le genre d'éclairage qu'il convient de donner à leur installation. Il faut en effet remarquer que le rôle de la lumière n'est pas négligeable dans la fermentation acétique et en 1890, Giundi qui s'était attaché à l'étude de cette remarque constata que la lumière solaire directe gênait et même suspendait la fermentation acétique. Il trouva également que la lumière diffuse du ciel l'entravait sensiblement et que le mycoderma acéti ne se développait qu'aux points peu éclairés.

En 1894 M. Tolomei reprit ces expériences et chercha à établir quels sont, parmi les éléments de la lumière solaire ceux qui agissent plus spécialemen sur la fermention acétique Pour cela l'auteur fit une série d'essais sur du vin blanc ensemencé de mycoderma acéti, et placé dans 9 ballons, dont un blanc, un sombre et les sept autres colorés, représentant chacun les sept couleurs du spectre. Après 22 jours l'acide acétique formé dans chaque ballon fut dosé.

Le tableau suivant résume les résultats trouvés.

	Liquide obscur	Rouge	Orange	Jaune	Vert	Bleu	Indigo	Violet	Blanc
Alcool 0/0 en vol.	1.41	1.41	1.43	1.59	2.55	3.65	4.01	4.20	1.98
Acide acétique 0/0 en poids......	5.71	5.71	5.68	5.60	4.56	3.41	3.01	2.84	4.92
Alcool décomposé pendant la fermentation.....	3.09	3.09	3.02	2.91	1.93	0.85	0.49	0.36	0.31
Acide acétique formé (+) ou décomposé (—) pendant la fermentation.....	+2.66	+2.66	+2.63	+2.53	+1.51	+0.39	+0.04	—0.21	—0.19

Il résulte du tableau ci-dessus que l'acide acétique augmente progressivement dans les ballons, depuis le violet jusqu'au rouge. L'action nuisible de la lumière n'est produite que par les rayons chimiques inactifs (le violet et l'ultra-violet). Ces rayons étant éliminés par des liquides d'absorption, la fermentation acétique continue comme dans l'obscurité.

En résumé, et pour condenser en quelques lignes l'essence même des données de la science sur la fermentation acétique, données de toute importance pour le fabricant qui veut opérer rationnellement et bénéficier des savants travaux des Pasteur et autres, nous dirons :

1° Les fermentations sont le résultat de l'action vitale d'infiniment petits particuliers nommés ferments. Ceux-ci sont doués de la vie, et comme tels ils exigent certaines conditions d'existence, de nourriture, et de milieu (température, acidité ou neutralité, antiseptiques).

2° La fermentation acétique est celle qui donne naissance au vinaigre. Elle est produite par un petit végétal microscopique qui prend, *dans certaines conditions* l'oxygène à l'air et le fixe sur l'alcool. La réaction chimique qui a lieu donne naissance à l'acide acétique et les gaz qui se dégagent sont seulement moins riches en oxygène et plus riches en azote que l'air qui a servi à l'acétification ; il se fait bien également de l'acide carbonique. mais c'est un produit tout à fait accessoire. Il se produit en outre, pendant l'action, des éthers spéciaux qui constituent l'arome et le bouquet du vinaigre et qu'il faut à tout prix conserver.

3° Le ferment acétique qui a nom mycoderma aceti agit à la fois comme un *être*, c'est-à-dire qu'il vit, se nourrit, se reproduit, et comme *transporteur* d'oxygène, comme ouvrier. Ces deux fonctions sont indépendantes, en ce sens qu'il peut vivre sans fixer d'oxygène, cela lorsqu'il n'est pas dans certaines conditions requises.

4° Ces conditions sont : *a*) qu'il soit développé à l'état de voile mycodermique à la surface ; *b*) qu'il soit au contact de l'air ; *c*) qu'il soit en même temps à la surface d'un liquide alcoolique marquant moins de 14° centésimaux.

5° La forme membraneuse appelée *mère* du vinaigre est un état du ferment sous lequel il est entièrement inactif. Il faut éviter de le provoquer ; et pour cela il ne faut jamais submerger le voile de la surface, seul actif.

6° Un liquide très alcoolique peut tuer le ferment, de même que les antiseptiques, notamment l'acide sulfureux.

7° Il ne faut pas pousser la fermentation jusqu'à la disparition totale de l'alcool, car dès qu'il ne reste que 1 à 1,5 0/0 de ce corps dans le liquide, l'acide acétique est à son tour attaqué et détruit par l'oxygène que transporte le ferment.

8° Une température de 20 à 35° est la plus favorable. Plus on se rapproche de 35° plus l'action est rapide, mais le vinaigre est moins fin car les produits aromatiques ne prennent naissance qu'en petite quantité. Le contraire a lieu à basse température et cela jusquà + 10° environ : la fermentation est lente elle dure des semaines, des mois même, mais le

produit est d'une finesse d'autant plus grande. C'est
également entre cette température de 25 à 30° que le
rendement en acide acétique est le meilleur, considération qui n'est pas négligeable pour l'industriel.

Enfin l'acétification se forme d'autant mieux que
les appareils sont moins soumis à l'action de la lumière, il est donc préférable d'opérer dans une
obscurité relative.

Telles sont les principes généraux de la fermentation acétique, principes établis par Pasteur et qui
constituent la base de la fabrication du vinaigre. Ce
vinaigre dont l'origine fut l'acétification du vin peut
provenir de bien d'autres liquides pourvu que ces
liquides satisfassent aux conditions de vie et de développement de la plante mycodermique. Actuellement
on fabrique peu de vinaigre de vin et le produit co-
mestible que nous trouvons tous les jours devant
nous a bien d'autres origines que nous allons maintenant passer en revue.

CHAPITRE IV

Choix des différents liquides pouvant servir à la fabrication du vinaigre.

La fermentation acétique, phénomène qui s'accomplit (nous l'avons vu) sous l'action d'un organisme spécial, le *mycoderma aceti*, consiste simplement dans la transformation chimique de l'alcool en acide acétique. Cette réaction est générale pour tous les alcools qui donnent naissance par oxydation à des acides :

$$R.CH^2OH + O = R.COH + H^2O$$
aldéhyde

$$R.COH + O = R.CO^2H$$
acide

Il s'ensuit donc que tout liquide alcoolique pourra donner naissance à de l'acide acétique. On peut alors se demander pourquoi l'alcool n'a pas été le point de départ de la fabrication du vinaigre. *A priori*, cette objection semble exacte, mais si l'on se reporte aux différentes phases de la découverte de la fermentation acétique, on remarque que, dans ce cas, la pratique a précédé de beaucoup la théorie.

C'est en effet de l'observation des faits que l'on est

arrivé à tirer la théorie de la fermentation acétique. Le vin étant précisément le premier liquide qui donna lieu à la formation de vinaigre, c'est lui qui tout naturellement fut employé le premier à cette fabrication et les procédés mis en œuvre consistaient tout simplement dans la mise en pratique des phénomènes observés ; cette méthode de fabrication, dont l'essence même était empirique, atteignit cependant une perfection telle qu'elle obtint rapidement une renommée justement méritée.

Les observations scientifiques permirent ensuite de compléter et d'augmenter ces premiers résultats : la fabrication du vinaigre de vin fut de suite perfectionnée ; puis on songea à employer l'alcool comme matière première et cet emploi devint si général qu'actuellement la production du vinaigre de vin est presque nulle.

Vin.

Le vinaigre de vin est donc le plus anciennement connu et, disons-le de suite, celui qui est le plus goûté.

La nature et la qualité de vin ne sont pas indifférentes, et *a priori* on peut admettre que plus un vin est de bonne qualité, plus le vinaigre obtenu sera apprécié.

On emploie généralement pour cette fabrication de bons vins ou des vins altérés et notamment ceux qui ont contracté la maladie de l'ascescence ; les vins de lie peuvent être également utilisés. Les vins rouges ou blancs sont employés indifféremment, néanmoins il est reconnu que les vins blancs donnent en général du vinaigre plus fin et d'une saveur plus délicate que le vin rouge.

Le vin ainsi choisi ne doit pas avoir une teneur en alcool trop élevée ; le meilleur vinaigre est fourni par les vins dosant de 8 à 9 degrés d'alcool, les vins plus faibles donneraient un vinaigre qui ne serait pas assez fort, tandis que les vins plus forts ne permettraient pas une fermentation régulière. Aussi, comme le degré alcoolique des vins employés ne peut pas naturellement toujours être entre 8 et 9°, on diminue ou on augmente le degré du vin employé au moyen d'eau ou d'alcool, ou encore à l'aide de mélanges appropriés pour le ramener à ce titre.

Les vins mutés au soufre éprouvent généralement de la difficulté à fermenter et quelquefois même ne fermentent pas du tout ; pour obvier à cet inconvénient, on chasse l'acide sulfureux qu'ils renferment au moyen d'un courant d'air. Ce résultat est obtenu ordinairement par filtration au travers des filtres à manches, ou en faisant passer le vin dans la *râpe à vin*, appareil que nous décrirons plus loin. A défaut de ces instruments, on peut faire couler le vin le long de sarments ou vigne ou faire barbotter dans ce vin un courant d'air ou d'oxygène purs. Enfin, on peut mêler au vin 25 gr. d'eau oxygénée par hectolitre.

Les vins moisis ou poussés peuvent être également

transformés en vinaigre, car pendant la fermentation ils perdent leur mauvais goût.

Certains auteurs conseillent de proscrire le vin ayant contracté le goût de l'amer qui communiquerait cette même saveur au vinaigre et le rend de qualité inférieure.

Ces considérations étant établies, quel que soit le vin employé pour la production du vinaigre, il est nécessaire de le filtrer avant de l'utiliser. Cette filtration constitue un des points les plus importants de la fabrication du vinaigre et l'on ne doit employer que des vins *absolument limpides*.

Sans cette précaution, la fermentation acétique s'opère très mal et le ferment se développe sous la forme visqueuse dans l'intérieur du liquide et ne produit pas l'acétification régulière.

Il est donc indispensable de filtrer tous les vins que l'on veut transformer en vinaigre, et cette pratique s'applique surtout aux vins de lie qui, eux, devraient subir deux filtrations. Dans les vinaigreries, cette filtration s'opère avec la râpe à vin, mais cette opération est tout à fait incomplète pour les vins troubles, aussi doit-on opérer cette filtration dans des appareils convenablement appropriés et chaque industriel doit, à ce point de vue, choisir l'appareil qui convient aux différentes espèces de vins traités.

Le vin ainsi préparé peut alors être soumis à la fermentation acétique, et cela au moyen des différents procédés que nous décrirons plus loin.

L'alcool.

Le vinaigre d'alcool, comme l'indique son nom, est celui qui provient de la transformation chimique de l'alcool en acide acétique. C'est le vinaigre le plus apprécié après le vinaigre de vin au point de vue des usages culinaires. Actuellement, sa fabrication est la plus importante et il existe des pays, notamment l'Allemagne, où l'on n'en fabrique pour ainsi dire pas d'autre.

On se sert pour cette fabrication des alcools ordinaires. Les trois-six et les eaux-de-vie de vin ont une valeur vénale trop grande pour la vinaigrerie. Les eaux-de-vie de marc, que l'on rencontre à très bas prix dans certaines contrées vinicoles, conviennent très bien pour la fabrication du vinaigre, car leur goût leur odeur disparaissent totalement pendant l'opération, surtout si cette fermentation est bien conduite et si tout l'alcool est transformé en acide acétique. Les alcools de betterave, de mélasse, de grains perdent aussi leur caractère particulier par leur conversion en vinaigre.

C'est pour cette raison qu'on ne se sert pas d'alcool rectifié et que les fabricants de vinaigre n'emploient, par raison d'économie, que l'alcool dit *de livraison*. Par contre, on ne peut pas employer les alcools d'industrie dits *mauvais goût*, parce qu'ils renferment de l'alcool méthylique et de l'acétone, produits ne fournissant pas d'acide acétique et dont le caractère infect ne disparaît pas après fermentation.

Quelle que soit la nature de l'alcool employé, il faut le diluer de manière à l'amener à 10-12° alcooliques environ. Cette précaution nécessaire n'est cependant pas suffisante et l'on sait, d'après Pasteur, que l'alcool seul n'est pas susceptible de donner lieu à la fermentation acétique. Pour le rendre apte à cette transformation, on lui ajoute les substances qui sont nécessaires au développement du *mycoderma aceti*. Voici, parmi les nombreuses recettes recommandées, une des meilleures à employer :

Alcool à 10-12°....................	100 litres.
Vinaigre.......................	10 »
Vin, bière ou extrait de grain...	10 »
Tartre........................	200 gr.

Le tartre est dissous dans 2 litres d'eau bouillante et versé dans le mélange. Le liquide ainsi préparé est laissé en repos pendant 2 ou 3 jours, puis, filtré sur des copeaux, ou mieux au moyen d'un filtre-presse, entre les plateaux duquel on a tassé des copeaux.

Ce *moût* servira à obtenir le vinaigre au moyen d'appareils appropriés.

Dans le liquide alcoolique dont nous venons de donner la composition, le vinaigre communique à l'eau-de-vie l'acidité nécessaire pour permettre le bon développement du ferment, tandis que le vin, le cidre, la bière ou l'extrait de grain lui apportent les matières azotées et les phosphates indispensables à sa nutrition et à sa reproduction. Le tartre joue égatement un rôle très utile dans ce mélange, car il augmente la densité du vinaigre et lui donne un peu des propriétés du vinaigre de vin.

En général, ce n'est pas le vin et autres boissons alcooliques que l'on utilise pour ajouter à l'eau-de-vie ; on se sert plutôt d'extrait de grain que l'on prépare de la manière suivante :

On mêle 37 kg.500 de seigle grossièrement moulu, avec 12 kg. 500 de maïs, d'orge et de froment ; on brasse avec 260 litres d'eau à 60° en hiver, ou 342 litres d'eau à 65° en été ; on couvre la cuve et on abandonne le tout pendant une heure ; on brasse de nouveau et fréquemment, puis on introduit peu à peu 434 litres d'eau froide en hiver et 558 litres en été en brassant continuellement ; on met en levain avec 4 litres de levure de bière, on laisse fermenter et finalement on filtre le liquide.

En tenant compte d'une perte de 10 0/0, on admet généralement que 1 hectolitre d'alcool à 50° fournit :

13 hectolitres de vinaigre à 3 0/0 d'acide acétique.
10   —   —   4 0/0   —
7,9   —   —   5 0/0   —
6,6   —   —   6 0/0   —
5,6   —   —   7 0/0   —
4,9   —   —   8 0/0   —
4,4   —   —   9 0/0   —
3,9   —   —   10 0/0   —

Le malt, les grains, la bière.

Dans les pays où le climat n'est pas apte à la culture de la vigne, le vinaigre s'obtient généralement au moyen du malt, des grains ou de la bière. Ces procédés n'ont du reste guère d'intérêt et généralement cette fabrication consiste plutôt dans l'utilisation, par transformation en vinaigre, de la bière gâtée.

Le vinaigre de malt se prépare principalement en Angleterre, car dans ce pays l'impôt élevé sur l'alcool ne permet pas d'employer ce liquide.

Les vinaigres de malt, de grains et de bière se distinguent du vinaigre de vin par un goût fade, désagréable et par l'absence à peu près complète d'arome ; aussi, généralement, on ajoute un peu de tartre au liquide de fermentation pour simuler quelque peu le goût de vinaigre de vin.

Le sucre.

Le vinaigre de sucre est produit par la transformation du sucre en acide acétique. Cette transformation ne se fait pas en une seule opération, et l'on doit faire subir au sucre deux fermentations : une fermentation alcoolique et une fermentation acétique.

Ce vinaigre permet donc d'utiliser comme matière première le sucre dont le prix est moins élevé que l'alcool ; néanmoins, comme les opérations sont beaucoup plus longues, on ne produit guère ce vinaigre qu'au moyen de liquides tout préparés, tels que les mélasses, le jus des betteraves, le jus des fruits, etc.

Généralement, ces vinaigres sont peu goûtés, car ils possèdent souvent des goûts désagréables provenant de la nature des substances employées,

Le vinaigre de sucre est obtenu par la fermentation d'un liquide composé d'eau, de sucre, de crème de tartre et de levure de bière. On fait d'abord subir à ce liquide une fermentation alcoolique pour transformer le sucre en alcool ; puis on ajoute une nouvelle quantité de tartre et on procède à la fermentation acétique d'après les procédés que nous décrirons plus loin.

Le vinaigre de mélasse, qui se prépare de la même façon, est obtenu par un mélange d'eau, de mélasse et de levure de bière dans les proportions suivantes :

Eau...............	5.000 litres
Mélasse.........	650 kig.
Levure	25 »

puis on procède aux deux fermentations.

Enfin le *vinaigre de betteraves* est préparé avec le jus des betteraves obtenu par expression, et dont la densité est de 1.035 à 1.045. On étend cette solution

d'eau de manière à abaisser la densité à 1.025, puis
on la mélange avec de la levure de bière et on laisse
fermenter. Le liquide fermenté est ensuite additionné
d'un égal volume de vinaigre fait, et enfin soumis
à la fermentation acétique.

———————

CHAPITRE V

Différents procédés de production du vinaigre par fermentation acétique.

De tous les liquides pouvant servir de matière première à la production du vinaigre, nous n'en retiendrons que deux qui sont les plus employés : le vin et l'alcool.

Nombreux sont les procédés et appareils mis en œuvre pour produire la fermentation acétique et chacun d'eux répond à un besoin particulier, les uns servant à fabriquer du vinaigre de vin, les autres servant à fabriquer du vinaigre d'alcool. Cependant, tous ces appareils reposent sur un principe commun et à ce point de vue il n'y a pas lieu de les différencier.

Dans l'étude qui va suivre, ces différents procédés sont tous exposés et nous avons adopté l'ordre suivant :

a. Procédé d'Orléans ;

b. Procédé Pasteur. Appareil Claudon ;

c. Méthode allemande ;

d. Méthode anglaise ;

e. Procédés nouveaux. Appareils rotatifs et appareils à plateaux ;

f. Méthodes chimiques.

a. — Méthode d'Orléans.

La méthode d'Orléans, fort anciennement pratiquée en France a acquis une renommée justement méritée à une époque où l'on n'avait qu'une idée erronée des phénomènes qui donnent naissance au vinaigre. Elle présente pourtant, à côté d'avantages incontestables, bien des inconvénients de nature à la faire sinon abandonner, du moins modifier profondément. Nous tâcherons de signaler les uns comme les autres.

Néanmoins il est un fait certain c'est que la plus grande partie du vinaigre de vin est encore obtenue par le procédé d'Orléans. Les procédés dits rapides n'ont en effet été appliqués industriellement que parce que le procédé d'Orléans ne permettait pas d'acétifier des dilutions d'alcool contenant moins de 25 0/0 de vin, proportion au-dessous de laquelle il eut été nécessaire d'ajouter des phosphates et des matières albuminoïdes. Or, ceci n'a pas été fait et pour cette raison qu'en opérant ainsi, le vinaigre obtenu ne peut plus être vendu sous le nom de vinaigre de vin, et doit au contraire porter le nom de vinaire d'alcool. Il n'eût donc pas été adroit de fabriquer ainsi du vinaigre d'alcool alors qu'on peut le produire beaucoup plus économiquement par les procédés dits rapides. Ceci permet de comprendre pourquoi la méthode d'Orléans subsiste et subsistera puisqu'elle est la seule qui permet de produire le vinaigre de vin, au sens propre du mot ; seulement l'usage de ce procédé peut diminuer d'intensité comparativement aux autres, puisque les vinaigres d'alcools occupent actuellement la place prépondérante sur le marché.

Il convient du reste de faire remarquer que dans les méthodes rapides où l'on emploie comme nous le verrons plus loin des copeaux de hêtre pour favoriser l'action du mycoderma acéti, l'emploi du vin même dilué d'alcool n'eut pas été possible, car le tartre et les substances salines et colorantes de ce vin auraient recouvert rapidement ces copeaux de hêtre et leur aurait enlevé par cela même une de leurs principales propriétés, la porosité.

En pratique, le matériel nécessaire à une vinaigrerie employant le procédé d'Orléans est très simple :

Dans une chambre à fermentation constituée par un cellier ou une cave situés au rez-de-chaussée, sont entassées, sur plusieurs rangs étagés à partir de 30 centimètres du sol, des futailles d'un genre spécial désignées sous le nom de *montures*, lesquelles sont destinées à recevoir le vin qui doit être transformé en vinaigre.

Les parois de l'atelier de fermentation sont en briques ou en moëllons et revêtues à l'intérieur de planches qui s'opposent efficacement à la déperdition de la chaleur.

L'air doit pouvoir se renouveler facilement, soit au moyen d'ouvertures convenablement disposées et munies d'obturateurs, soit au moyen d'un ventilateur mécanique. Quel que soit le système adopté, on doit pouvoir aisément régler l'arrivée de l'air à l'intérieur, car, dans le cours de la fabrication, il est absolument indispensable d'avoir dans la main sa circulation ou sa non-circulation. C'est ainsi, en effet, qu'on peut arriver dans la pratique à gouverner au mieux des besoins du moment la marche de l'opération qui est soumise d'une part à la température (réglée à la fois par l'entrée d'air froid, et dans le sens contraire par le chauffage), d'autre part à l'action de l'oxygène atmosphérique.

Une circulation d'air trop faible rend la fermentation paresseuse ; dans le cas contraire, la fabrication éprouve une perte sensible, par suite de l'évaporation plus active de l'alcool. Aussi le réglage est assez délicat et nécessite une certaine connaissance technique.

Le chauffage artificiel qui, d'après ce que nous avons vu au sujet des conditions de la fermentation acétique, est nécessaire, est assuré par un *poêle en fonte*, d'un bon modèle autant que possible, mais pas très puissant, car la température ne doit pas dépasser 30° C. On a employé avec succès, dans certaines grandes installations, le chauffage par circulation de vapeur ou par l'eau chaude.

Nous avons parlé déjà des futailles ou *montures* : chacune doit être isolée de ses voisines de manière que l'air circule librement dans tous les sens. Ces futailles portent deux trous, un à chaque fond, outre la bonde : chacune de ces ouvertures a un diamètre de 5 à 6 centimètres. L'une d'elles, celle qui est placée en avant, est située vers le milieu du fond sur l'un des grands diamètres. Elle sert à l'entrée de l'air dans le tonneau ; l'autre, placée en arrière, dans le second fond, est située au contraire tout en haut. Elle sert à la sortie de l'air, au soutirage du vinaigre par siphonage, et à l'introduction du vin lorsqu'il y a lieu. Cette seconde ouverture est dénommée l'*œil* de la monture.

Des thermomètres sont disposés de place en place et permettent de prendre la température au voisinage des différents tonneaux.

Deux autres outils importants pour le vinaigrier sont la *râpe à vin* et la *râpe à vinaigre*. Tous deux sont construits identiquement, leur usage seul diffère, l'un étant destiné au filtrage du vin, l'autre au filtrage du vinaigre.

La râpe est constituée par un tonneau énorme placé verticalement et rempli de copeaux de hêtre. La capacité est variable suivant l'importance de l'établissement. Fréquemment, elle est de 30 hectolitres. Les copeaux de hêtre doivent être très longs, 0,50 à 0,60 centimètres, et très minces. Ils s'obtiennent assez facilement au rabot ordinaire. Avant de les employer pour la première fois, il faut plonger ces copeaux dans l'eau froide pendant quelques jours pour les faire *dégorger*, c'est-à-dire leur enlever la plus grande partie des principes âcres qu'ils renferment. Puis on les dispose dans la râpe en les foulant suffisamment de manière à constituer une sorte de filtre. Le couvercle de la râpe est muni d'une ouverture pour l'introduction du liquide, vin ou vinaigre. Au bas, est placé un très gros robinet pour le soutirage du liquide clarifié.

D'autres ustensiles accessoires sont également nécessaires au vinaigrier. Ce sont principalement des futáilles pour emmagasiner le vin ou le vinaigre, des sceaux, des brocs, des entonnoirs en bois et des

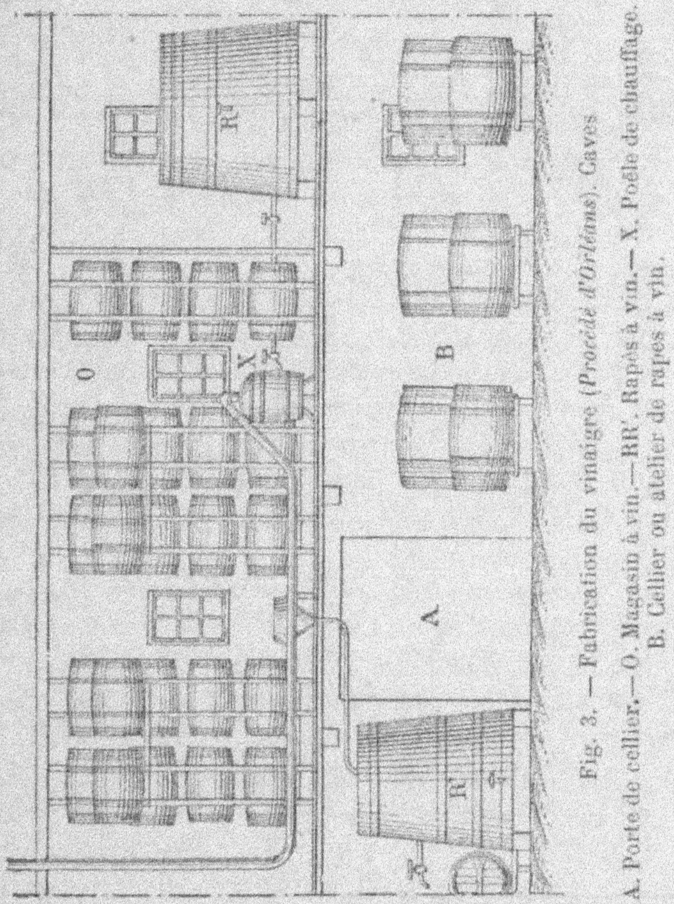

Fig. 3. — Fabrication du vinaigre (*Procédé d'Orléans*). Caves

A. Porte de cellier. — O. Magasin à vin. — RR'. Rapés à vin. — X. Poêle de chauffage. B. Cellier ou atelier de rapes à vin.

siphons soit en grès, soit en terre. Bien entendu, les

ustensiles métalliques doivent être rigoureusement proscrits ; outre qu'ils seraient rapidement détériorés et mis hors d'usage par le vinaigre, celui-ci pourrait acquérir des propriétés nocives, en raison de son action dissolvante ou au moins contracter un mauvais goût.

Voici maintenant comment il faut conduire une vinaigrerie :

Il convient tout d'abord de filtrer le vin que l'on doit mettre en œuvre, de manière à ce qu'il soit parfaitement limpide. C'est là, en effet, un point important, car l'emploi d'un liquide tant soit peu trouble favorise outre mesure le développement de ferment acétique, sous la forme gélatineuse, dans l'intérieur même des tonneaux, et l'acétification est retardée considérablement. Aussi, c'est une opération obligatoire que de passer à la râpe tous les vins avant de les mettre au travail. Pour cela, on remplit la râpe, on y laisse séjourner le vin sur les copeaux pendant trois jours, puis on soutire.

Si les montures sont entièrement neuves, il faut procéder à une opération préalable destinée à les imprégner complétement de vinaigre. On les remplit jusqu'au tiers de leur capacité de bon vinaigre bouilli qu'on y laisse séjourner pendant dix jours, puis on décante ce liquide et on procède exactement par la suite comme avec des tonneaux en usage courant. Pour mettre ces montures en marche, on les remplit aux deux tiers de bon vinaigre obtenu antérieurement qui apporte avec lui le ferment nécessaire à l'acétification subséquente et constitue le point de départ indispensable à toute opération.

On verse alors, au moyen d'un entonnoir coudé
placé dans l'orifice que nous avons nommé œil,

Fig. 4. — Fabrication du vinaigre (*Procédé d'Orléans*)
Atelier à fermentation.

10 litres de vin **râpé**, dans chaque futaille; huit
jours après, on ajoute encore 10 litres de vin, et
ainsi de huit jours en huit jours 10 nouveaux litres,

jusqu'à concurrence de 40 litres. Huit jours après la dernière addition, les 40 litres sont intégralement acétifiés : on les soutire et l'on recommence l'opération. Ainsi donc, par cette méthode, on ne fabrique que 40 litres de vinaigre par fût et par mois.

Les tonneaux ne doivent jamais être remplis au delà de la moitié. Pour juger de la marche de l'opération, les ouvriers se basent sur l'aspect de l'écume : ils plongent par la bonde un morceau de bois blanc : s'il sort couvert d'*écume rouge*, la fermentation marche mal, elle est dite *paresseuse* et il faut dans ce cas l'activer par addition de fort vinaigre, ou mieux encore, en élevant la température. Si au contraire, la mousse qui imprègne le bâton est perlée et presque blanche, c'est que la *mère travaille bien*, suivant l'expression consacrée. Lorsqu'on constate la production de cette écume, dénommée *fleur de vinaigre*, c'est que l'acétification est terminée.

Il se dépose d'une manière continue dans le fond des futailles du tartre et de la lie qui rendent nécessaire de temps en temps le nettoyage à fond de celles-ci.

On termine la fabrication en filtrant sur la râpe le vinaigre soutiré, puis on l'enferme dans des futailles spéciales appelées PIPES. Il doit être conservé au frais.

Les dépenses de la fabrication, variables nécessairement suivant les variations locales des différents facteurs, peuvent être appréciés en moyenne à 3 fr., 3 fr. 50 par hectolitre de vinaigre produit, pour une vinaigrerie opérant sur un roulement de 400 à 500 hectolitres, soit environ 200 montures de 225 litres. Une fabrique d'importance triple peut réduire ses frais à 2 fr. 50 l'hectolitre environ.

Les figures 3 et 4 ci-dessus montrent la disposition du magasin à vin et des râpes dans une vinaigrerie, ainsi que le dispositif adopté pour la commodité des filtrations sur les râpes.

En résumé, le procédé d'Orléans repose sur l'exposition du vin filtré, à l'air, en présence de ferment provenant d'une opération précédente, et dans des conditions générales de température et de ventilation artificielles réglables à volonté.

Nous avons dit que ce procédé présente tout à la fois des qualités et des inconvénients. En effet :

Si l'on imagine le mode le plus simple, le plus primitif pour obtenir du vinaigre, on revient à l'exposition pure et simple du vin au contact de l'air dans les conditions de température ambiante. C'est ainsi que devaient procéder les tout premiers vinaigriers. Le vin qui s'altère dans la bouteille à demi-vidée que l'on a laissé débouchée par mégarde nous offre un frappant exemple de cette méthode spontanée. Mais il faut aider la nature, car, si d'une part, l'acétification qui a lieu dans ces conditions est suffisante pour rendre rapidement le vin imbuvable, elle est, d'autre part, trop lente et trop imparfaite pour nous permettre d'arriver au terme de la transformation finie. Le principal écueil est le manque de renouvellement d'air. Il suffit pour s'en convaincre de se reporter aux *conditions de la fermentation acétique* que nous avons décrites précédemment. Abstraction faite du manque d'air, la température apporte, elle aussi, son coefficient d'influence : rapide en été pendant le jour, moins rapide la nuit, l'acétification sera, en hiver, extrêmement ralentie, voire même arrêtée momentanément. Ce sont là autant de conditions défectueuses auxquelles est vouée toute fabrication spontanée. Aussi, le renouvellement rationnel de l'air dans les *montures*, quoique encore défectueux, ainsi que le chauffage régulier et uniforme constituent des avantages qu'il faut bien reconnaître à la méthode d'Orléans sur les procédés plus primitifs. Il serait cependant désirable que le renouvellement de l'air dans les montures soit assuré par des ouvertures plus grandes qui élimineraient mieux, au fur et à mesure de sa formation, l'air désoxygéné produit par la réaction. Il ne faudrait pas non plus tomber dans l'excès contraire, car une ventilation trop énergique détermine une évaporation de plus en plus abondante, qui finit par constituer une perte réelle.

D'après M. *Claudon*, pendant la transformation de 40 litres de vin en vinaigre dans les montures ordinaires, il s'évapore environ 1/10 du volume total, soit 4 litres de liquide ou un litre par semaine entre chaque affusion hebdomadaire de 10 litres.

Il est à remarquer en outre que s'il était donné de le recueillir et de le condenser, ce liquide d'évaporation se montrerait beaucoup plus riche en alcool que le vin dont il provient, en raison de la plus grande volatilité de l'alcool vis-à-vis de l'eau. Ceci n'en rend la perte que plus importante : aussi nous verrons qu'on a essayé, dans certains procédés, de parer à cette éventualité.

Enfin, cette méthode est continue. Tous les huit jours, on recueille 10 litres de vinaigre par fûts et les seuls arrêts sont nécessités de temps en temps par les nettoyages indispensables.

Nous arrivons aux inconvénients. C'est d'abord sa lenteur. Il est vrai que celle-ci favorise le développement du bouquet, et qu'on lui doit la saveur si appréciée du véritable vinaigre d'Orléans. Mais les deux reproches capitaux ce sont le développement constant du Mycoderma aceti sous la forme gélatineuse et la présence dans les tonneaux des parasites connus sous le nom d'*anguillules*.

Nous avons dit dans l'exposition des conditions générales de fermentation acétique que, lorsque le mycoderme se trouve submergé pour une raison quelconque, il se développe sous la forme gélatineuse ; il affecte alors l'aspect de membranes molles, rayonnantes, qui envahissent peu à peu tout l'espace qui lui est offert.

Ce sont les affusions hebdomadaires de liquide dans les montures qui, en brisant le voile mycodermique et en provoquant fréquemment sa submersion déterminent le développement de la petite plante sous la forme gélatineuse connue sous le nom de *mère du vinaigre* que nous avons déjà précédemment signalée et dont le procès n'est plus à faire. Sous cette forme, le mycoderme est, en effet, entièrement inactif et il ne saurait transformer la moindre trace d'alcool en acide acétique, car l'oxygène lui fait défaut. Sinon nuisible, il est du moins absolument inutile et il convient d'éviter sa production : d'ailleurs, comme tous les êtres inférieurs, il dégénère ou se modifie facilement suivant les conditions de milieu, et comme ce sont les éléments isolés et vagabonds de cette mère qui en pullulant à la surface reconstituent le voile actif du mycoderme, il en résulte que la fermentation dévie peu à peu légèrement par atténuation insensible. Ne serait-il pas beaucoup préférable, chaque fois qu'on veut produire un voile mycodermique, d'ensemencer le liquide, ainsi que cela se passe maintenant dans l'industrie vinicole où l'on a reconnu que les bouquets des grands crus, s'ils procèdent en partie du terroir, procèdent cependant aussi, et pour beaucoup, de la direction de la fermentation et de l'espèce particulière de levure qui l'a produite : tel ferment donne de la piquette, tel autre une imitation de grand cru, en partant cependant du même moût.

A ce sujet, en ce qui concerne le mycoderma aceti, des recherches ont montré effectivement qu'il en existe plusieurs espèces, donnant chacune un vinaigre différent comme qualité et comme arôme. Villon a pu en isoler trois espèces, mais il est presque certain qu'il en existe un bien plus grand nombre. Voici ce qu'il dit sur ce sujet :

« Nous avons reconnu plusieurs variétés de mycoderma aceti et chacune d'elles permet d'obtenir un vinaigre ayant un goût et un bouquet spécial.

« Nous avons pu sélectionner ces variétés, absolument comme on l'a fait pour les levures de bière, les levures de vin et de cidre. Nous avons obtenu trois variétés bien distinctes que nous désignons par I, II et III.

« Le mycoderma aceti I donne un vinaigre exquis se conservant bien. Il transforme moins rapidement que les deux autres variétés le vin en vinaigre et vieillit également plus rapidement.

« Le mycoderma aceti II donne un vinaigre ordinaire de conservation moyenne. Il acétifie plus rapidement que la variété I et se conserve un temps moyen : c'est celui qu'on rencontre le plus communément dans les vinaigreries en marche normale.

« Le mycoderma aceti III produit le vinaigre trouble et plat, se conservant difficilement. Il acétifie plus rapidement, trop rapidement, car il *brûle les matières composant le bouquet.*

« Nous sommes persuadé qu'il y a d'autres variétés de mycoderma aceti, mais, pour le moment, nous n'avons pu isoler que les trois précédentes parmi celles qui acétifient le vin.

« Il y a intérêt à ne se servir que du mycoderma I, à empêcher la formation du mycoderma II et surtout celle du mycoderma III. Nous avons isolé cette variété I en acétifiant du vin de Bourgogne titrant exactement 9° alcoolique, à la température de 20° C. Le vin était additionné de 1 gramme de phosphate d'ammoniaque par litre. Nous avons fait une succession de 20 cultures en ne laissant le mycoderma aceti que vingt-quatre heures sur chaque nouveau vin, aéré préalablement par un courant d'oxygène et filtré à travers de la porcelaine dégourdie pour enlever les ferments étrangers.

« Nous avons obtenu un mycoderme pur, jeune et très actif.

C'est avec la plante ainsi cultivée que nous avons ensemencé le vin à acétifier industriellement. Le ferment ne sert qu'à deux acétifications, au bout desquelles il doit être remplacé par du ferment cultivé et pur. On produit ainsi un vinaigre ayant un excellent goût et une odeur remarquable. »

Qu'il soit aussi fait justice, ici, en passant, de cette erreur répandue parmi les fabricants, que la présence de l'acide acétique, en un mot, de vinaigre antérieur est nécessaire à la bonne marche de la fabrication. Il est à peine besoin de remarquer que si cela était vrai, le vin ne pourrait jamais fermenter spontanément, les grands viticulteurs voudraient bien qu'il en soit ainsi. En réalité, les additions de « *bon vinaigre antérieur* », de « *fort vinaigre* », recommandées lorsque la *mère* est malade, n'agissent que par le ferment nouveau qu'elles apportent et non pas par l'acide acétique. Elles peuvent aussi empêcher, dans certains cas, des fermentations secondaires anormales, en créant dès le début un milieu acide favorable ou mortel aux autres ferments étrangers.

Arrivons aux anguillules :

L'anguillule du vinaigre est un animalcule qui vit dans les vinaigres en fermentation. « Tous les tonneaux sans exception, dit Pasteur, sont infectés d'anguillules, et la plupart des maladies auxquelles sont sujettes les MÈRES sont dues à ces petits êtres. L'anguillule a besoin d'air pour vivre : comme l'acétification ne se produit qu'à la surface et absorbe l'oxygène, il en résulte que les anguillules ne peuvent exister au sein du liquide, dans les couches profondes et viennent nager vers les couches supérieures. Guidées par l'instinct de la conservation, elles se réfugient sur les parois des tonneaux au plus près du voile mycodermique qui recouvre le liquide et forment un anneau circulaire de plusieurs centimètres de hauteur. Cette couche est blanchâtre, tout amincie et grouillante. Il y a souvent lutte entre le mycoderme et les anguillules. Aussi le premier ne se développe qu'avec peine en présence des anguillules. C'est souvent à cause de ces animaux que la mère ne *travaille* pas, ou qu'elle *tombe malade*, suivant l'expression consacrée.

Aussi, il n'est pas douteux, quoique cela ait été longtemps combattu, qu'il est nécessaire de détruire par tous les moyens cet ennemi du mycoderme. Une erreur très répandue pendant longtemps parmi les fabricants voulait que la présence des anguillules fut l'indice d'une bonne acétification. C'est absolument faux. Il suffit, pour se débarrasser de ces parasites, de nettoyer plus fréquemment les tonneaux et de les soufrer légèrement de temps à autre.

A côté des anguillules, il existe les mouches du vinaigre qui semblent faites pour donner tort au proverbe bien connu. En s'introduisant dans les montures et en déposant leurs œufs sur le voile mycodermique, elles donnent lieu à l'éclosion de larves dont les mouvements et la présence gênent également la fermentation. On obvie bien facilement à ce désagrément en garnissant les ouvertures de fines toiles métalliques.

Comme conclusion à cet exposé, on peut disposer en trois résumés les données ayant trait à la méthode d'Orléans.

Manutention et appareils.

On y trouve :

Chauffage artificiel.

Tonneaux remplis aux deux tiers avec ouvertures et circulation rationnelle d'air.

Affusions hebdomadaires et continuité de la méthode par soutirages également hebdomadaires.

Produit de la fabrication.

Il faut reconnaître que celui-ci est généralement excellent. Le vinaigre d'Orléans jouit, en effet, depuis longtemps, d'une réputation justement méritée. La lenteur du procédé, qu'il est permis de lui reprocher à un autre point de vue, est pour beaucoup dans cette renommée, car elle contribue à y développer le bouquet, mélange de produits complexes éthérés qui ne prennent naissance intégralement que dans certaines conditions de lenteur. Mais on peut être aussi persuadé que le choix judicieux que font les fabricants français parmi les vins qu'ils mettent en œuvre, rejetant ceux qui sont gâtés ou mûtés, pour ne prendre que de bons vins, légers d'alcool, particulièrement les petits vins du Loiret, y est pour beaucoup.

Enfin, en ce qui concerne les avantages comparés

aux inconvénients de ce procédé, on peut dire que
les premiers sont au nombre de deux ou trois : la
continuité relative de la fabrication, la simplicité du
matériel, la qualité du produit. Par contre, la liste
des reproches est plus fournie. Ladite continuité,
tout en n'étant que relative, entraîne la présence des
anguillules par la rareté des nettoyages ; les additions
hebdomadaires provoquent, d'autre part, le développement anormal et inutile des *mères* du vinaigre,
sous la forme gélatineuse ; enfin, les pertes par évaporation sont sensibles ; souvent, la fermentation
s'accomplit mal et le fabricant, affolé, dérouté, ignorant généralement les phénomènes qui président à
l'acétification, tâche enfin d'y remédier, car il ne
s'adresse qu'au hasard. La *mère* est malade, s'écrie-
t-il, ELLE ne VEUT plus travailler ! Ce qui peut se
traduire pour nous en disant que ce malheureux
vinaigrier a rencontré, comme cela doit fatalement
arriver, une des difficultés du procédé poussée à
l'aigu par les conditions d'expérience, l'empirisme
de la conduite des opérations.

La fabrication industrielle d'aujourd'hui, importante ou minime, ne saurait plus désormais continuer à employer ce procédé qui, soumis aux lois du
temps, a vielli comme toutes choses vieillissent. Le
progrès à marché. L'avenir appartient, dans cette
branche industrielle, à la méthode rationnelle ima-
ginée par Pasteur, plus ou moins modifiée.

Le procédé de Pasteur nous offre tout à la fois un
produit d'aussi bonne qualité ;

Une plus grande rapidité dans la fabrication ;

Des conditions exceptionnelles de propreté et

d'hygiène du mycoderme pourrait-on presque dire ;

La suppression des anguillules et des mères ;

Et, enfin, un prix de revient minime.

Nous allons maintenant décrire ce procédé.

b. — Méthode Pasteur. — Appareil Claudon.

Pasteur avait été amené par ses études sur le vinaigre et sur la fermentation acétique à rechercher un procédé industriel plus en rapport avec les faits théoriques qu'il avait observés, et partant plus rationnel que le vieux procédé d'Orléans.

Nous avons rapporté ailleurs ses mémorables expériences. Nous n'y reviendrons donc pas. Rappelons seulement les conclusions qu'il en avait tirées :

1° Employer comme vaisseaux des cuves plates, couvertes, percées latéralement d'ouvertures pour l'arrivée de l'air et de dimensions très développées en superficie ;

2° Prendre toutes les précautions pour que le mycoderme ne soit pas submergé dans le liquide, soit à l'ensemencement, soit pendant la manipulation du moût (addition ou vidange), afin d'empêcher qu'il ne se développe sous la forme de « mères » du vinaigre ;

3° Régler les soutirages de vinaigre fait et les additions de moût nouveau sur la rapidité de l'acétification de telle sorte que le mycoderme ne puisse jamais s'attaquer à l'acide acétique pour le détruire, n'ayant plus d'alcool à transformer, et n'amène ainsi une perte considérable ;

4° Ne pas laisser le mycoderme atteindre un trop grand développement ce qui lui assurerait une activité trop forte, favorable à la destruction des principes aromatiques du vinaigre et même à la destruction de l'acide acétique ;

5° Empêcher la production des anguillules en procédant à des nettoyages fréquents ;

6° Lorsque le mycoderme commence à dégénérer, au bout d'un certain temps de fonctionnement, faire un nouvel ensemencement avec du mycoderme pur, après avoir enlevé le mycoderme usé ;

7° Chauffer le moût (vin ou autre liquide) et le filtrer avant de le mettre à acétifier, de façon à y détruire tous les organismes pour que le mycoderma acéti exerce seul son action, avec tous les effets qu'elle comporte ;

8° Chauffer et filtrer le vinaigre sortant des cuves pour prévenir toute altération ou transformation ultérieure et assurer ainsi sa parfaite conservation.

Tels sont les principes fixés par Pasteur (voir ch. I. La fermentation acétique).

Il fit des essais en opérant sur des cuves de un mètre carré de superficie avec une profondeur de 20 c. m., et munies d'un couvercle. Des trous d'aération placés latéralement assuraient l'arrivée de l'oxygène. Chaque cuve renfermait une soixantaine de litres de liquide. M. Breton-Lorion, vinaigrier à Orléans, qui avait essayé le procédé, obtenait avec chaque cuve un rendement journalier de 5 à 6 litres de vinaigre.

Lorsqu'on emploie le vin, on le mélange à du vinaigre antérieur et l'on sème à la surface du mycoderme jeune provenant d'une cuve en marche depuis 48 heures au plus, ou mieux encore prélevé dans une toute petite cuve de culture spécialement consacrés à la production de mycoderme pur. Le mycoderme jeune se distingue à ce qu'il se présente en lon s chapelets d'articles, tandis que le mycoderme usé prend la forme d'amas granuleux.

La bière, le cidre, le poiré, ou les mouts organiques, peuvent être traités comme le vin. Mais si l'on veut préparer du vinaigre d'alcool il est indispensable d'ajouter à celui-ci quelques traces de phosphate d'ammoniaque, de phosphate de potasse et de phosphate de magnésie dissous et même un peu de substance albuminoïde préparée en faisant bouillir de l'orge avec de l'eau. Il faut reconnaitre que les liquides possédant naturellement les principes nutritifs indispensables au développement de la petite plante présentent toujours de meilleures conditions d'acétification.

Les appareils très simples imaginés par Pasteur, tout en démontrant la réalité de ses vues ne pouvaient prétendre entrer dans la pratique industrielle, parce qu'ils étaient imparfaits à certains points de vue, notamment en ce qu'ils nécessitaient trop de main-d'œuvre. Pasteur a borné son rôle à la recherche scientifique d'un procédé rationnel. Ses travaux rendent compte des différents phénomènes qui ont lieu dans la fermentation acétique, et, déterminent les conditions les plus propres à les produire ; ils permettent, par les données indiscutables qu'ils comportent, d'établir un procédé nouveau de fabrication, délivré des lenteurs, des arrêts forcés et de tous les mécomptes qui sont l'apanage des vieux procédés.

Se basant sur ces résultats, M. Claudon a cherché la confection d'un appareil réalisant les conditions de fabrication qu'ils indiquent et en outre les avantages indispensables d'un bon appareil industriel : célérité, régularité, économie de main-d'œuvre, et qualité du produit fabriqué.

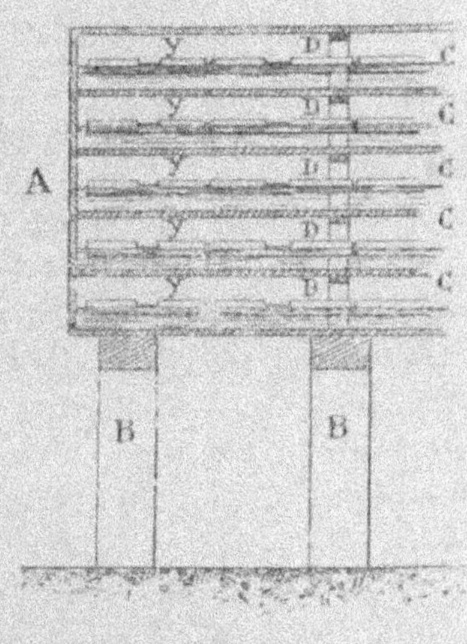

Fig. 5.

L'appareil de M. Claudon se compose comme organes principaux de cuves plates à fermentation munies de cuves d'alimentation et de cuves de décharge avec lesquelles elles sont en communication par des tuyaux et des robinets, et comprenant en outre des filtres et appareils de chauffage pour la stérilisation (à 50° C.) et la clarification des moûts ou du vinaigre suivant les cas.

Nous allons décrire rapidement la disposition des différents organes :

L'appareil d'acétification se compose essentiellement d'un système de cuves superposées A, formant un bac carré, d'environ 2 m. de haut, placé à 1 m. 50 des assises de pierre B (fig. 5).

On pourrait employer aussi bien des bacs ronds, mais la forme carrée est préférable pour éviter de perdre de la place, et surtout d'employer des cercles de fer pour consolider les parois, cercles qui en raison de leur nature seraient rapidement rongés par l'acide acétique.

On donne au bac les proportions en rapport avec la quantité de vinaigre que l'on veut fabriquer. Dans l'exemple donné par M. Claudon, visant une fabrication de 5 à 6 hectolitres par jour, le bac à 5 m. de long et 4 m. de large. Il contient 5 cuves plates C superposées, distantes l'une de l'autre de 0 m. 30 à 0 m. 40 ; le fond d'une cuve plate forme le couvercle de la cuve immédiatement inférieure ; on peut augmenter ou diminuer le nombre des cuves superposées, mais il semble que 5 soit un maximum. Chaque cuve comporte un cadre en bois léger formé par des planchettes placées horizontalement et présentant des divisions à peu près égales. Ce cadre représenté dans la figure 6 en Y (voir également fig. 5) est maintenu au niveau du liquide dans la cuve et son rôle est d'assurer le maintien du mycoderme à la surface du liquide. Si on n'offrait aucun point d'appui au voile mycodermique, il finirait, en effet, sous son propre

poids et en raison de la large surface de la cuve
($5 \times 4 = 20$ mq.) par tomber au fond et troubler la
fabrication en donnant lieu à la formation de « mères »
du vinaigre. Le mycoderme s'attache donc à la fois
aux parois et aux planchettes du cadre et offre par cet
artifice., toutes garanties contre la submersion. Le
cadre plonge de 1 à 2 c.m. dans le liquide. Il peut
s'abaisser ou se relever et aussi se démonter facilement.

Chaque cuve plate C, présente à la partie supérieure de ses faces latérales des ouvertures E (fig. 9)

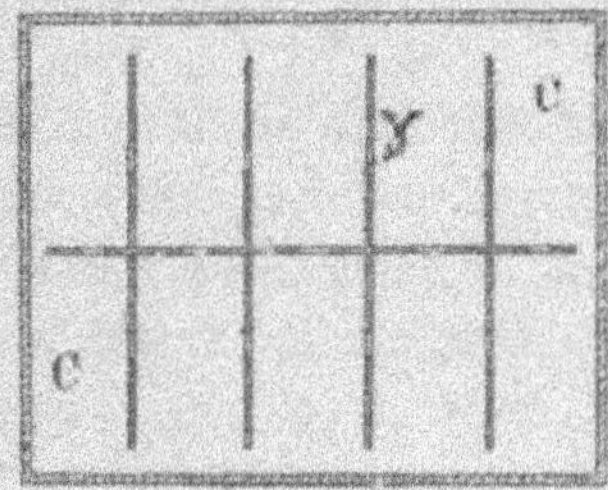

Fig. 6.

de forme rectangulaire. Ces ouvertures ont 0,40 c.
m. sur 0,10 de hauteur; elles sont au nombre de 10 :
5 de chaque côté placées face à face. Par ces ouvertures l'air a un large accès dans les cuves, l'ouvrier
surveille le développement du mycoderme et peut
passer des spatules d'un genre spécial pour l'ensemencement lors de la mise en marche. Chaque ouverture peut se fermer par une porte vitrée qui permet ainsi le réglage facultatif de l'entrée d'air tout
en laissant la surveillance possible.

Chaque cuve possède une porte à écrou F (fig. 9) parfaitement étanche qui permet un nettoyage facile. Dans le but de faciliter la vidange, soit des eaux de nettoyage, soit du vinaigre, le fond de chaque cuve accuse une légère pente double aboutissant à la porte d'évacuation.

En outre, un tube niveau G (fig 9) est disposé le long de chaque cuve. Il est en verre, ou en métal inattaquable par le vinaigre. Le tube niveau est appliquée sur une planchette graduée qui indique immédiatement le nombre de litres de liquide renfermés dans la cuve.

Telles sont ce qu'on pourrait appeler les cuves de réaction.

Ces cuves sont alimentées par une petite cuve H (fig. 7) placée derrière le bac et légèrement surélévée de 0 m. 30 c. m. Cette petite cuve H qui elle-même communique avec un réservoir où le moût se trouve préparé d'avance est divisé en autant de compartiments qu'il y a de cuves plates, soit 5. La figure suivante rend compte de ce dispositif.

L'arrivée du liquide dans les cuves plates est soumise au dispositif suivant : l'ouverture du tuyau se divise en trois branches terminées par des ouvertures aplaties et élargies en embouchure de porte-voix, de façon à donner lieu à un écoulement lent en rideau, embrassant par l'écartement des branches et l'ouverture des angles des orifices aplaties, toute la superficie de la cuve (fig. 8). En même temps cet écoulement se trouve avoir lieu, en réalité, le plus bas possible, condition nécessaire pour que la surface du liquide que contient déjà la cuve ne reçoive aucun

mouvement et n'ait, par suite, son voile mycodermique dérangé ou déchiré.

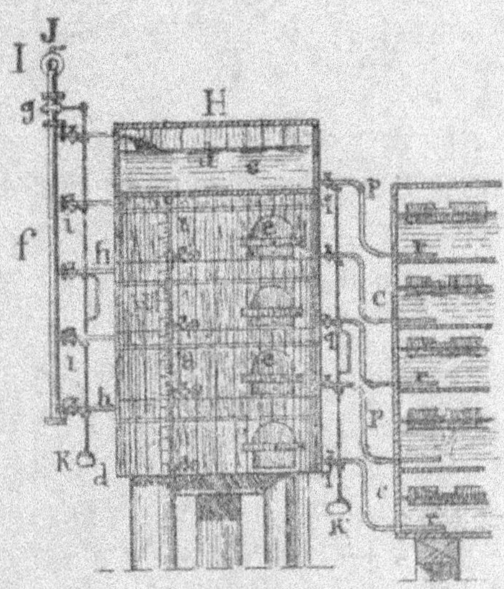

Fig. 7.

Voici le dispositif de ces ouvertures aplaties :

Fig. 8.

La vidange des cuves plates se fait par des orifices
également munis de trois ouvertures aplaties et
disposées en éventail. Une cuve L (fig. 9) dite

cuve de vidange ayant la même forme, les mêmes
dispositions, les mêmes proportions, donc les mêmes
contenances de compartiments que la cuve d'alimentation H, est placée sur la face antérieure du bac et

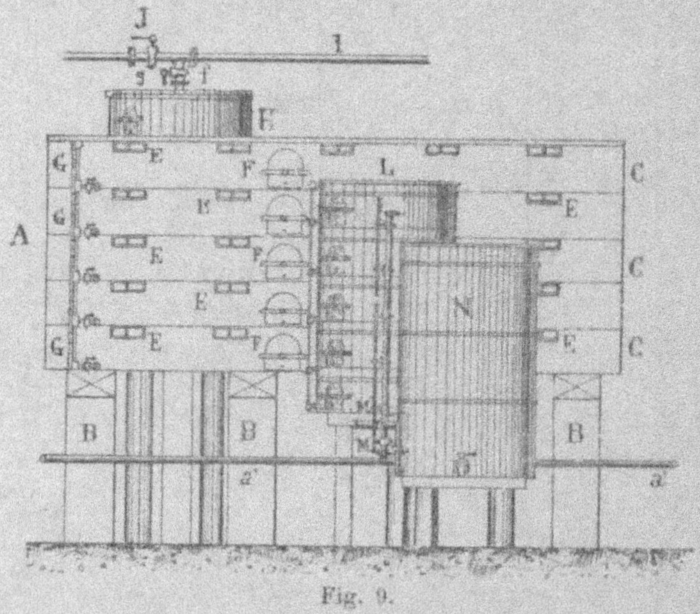

Fig. 9.

à 0 m. 30 plus bas que celui-ci. Chaque compartiment de la cuve de vidange est en communication
avec la cuve plate C immédiatement au-dessus de
lui, par un tuyau V portant un robinet x : la figure 9
montre la disposition des organes.

Tous les compartiments de la cuve de vidange
communiquent à un tuyau commun de décharge qui
par une disposition de robinets peut distribuer le
vinaigre, soit à un filtre N, soit à un grand récipient O (fig. 10), soit directement à des futailles.

Le filtre N est une cuve ayant 1 m. 20 de diamètre
et 1 m. 20 de hauteur, placée en contrebas de

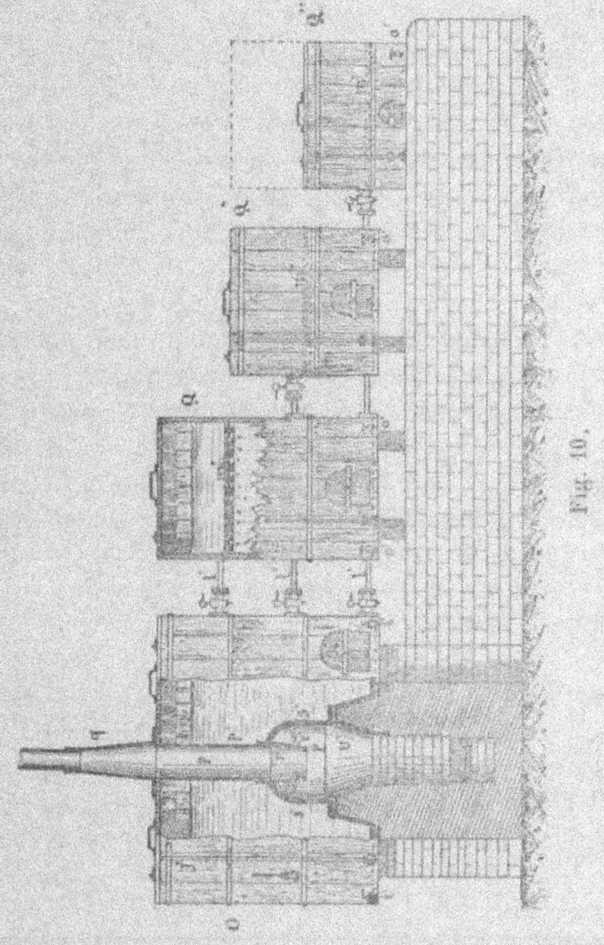

Fig. 10.

0 m. 60 environ par rapport à la cuve de vidange
L. La matière filtrante est constituée par un cadre

de deux toiles métalliques entre lesquelles est pressée plus ou moins fortement de la laine, suivant les besoins du filtrage. La cuve est mûnie d'un couvercle à charnières et de robinets.

Tels sont les organes essentiels constitués par les cuves d'alimentation, les bacs à acétification et les cuves de vidanges. L'appareil comporte également d'autres accessoires.

Le récipient O (fig. 10) est un récipient pouvant recevoir le vinaigre produit chaque jour. Sa contenance est d'environ 60 hectolitres. Il contient un appareil de chauffage disposé au centre même, que nous ne décrirons pas amplement, mais dont la figure indique suffisamment la disposition.

Le fonctionnement s'imagine facilement : on chauffe le vinaigre soit à feu nu, soit à la vapeur. Un thermomètre plongé dans la cuve sert à la conduite de l'opération. Trois robinets l mettent ce réservoir en communication avec trois cuves à filtrer Q. Q' Q'' disposées comme la cuve à filtrer que nous avons précédemment décrite.

Marche de la fabrication.

La règle de la fabrication est contenue dans les principes fondamentaux émis par Pasteur. Etant données toutes les dispositions décrites dans les figures ci-dessus, la série des manipulations est la suivante :

Il s'agit de mettre un bac en marche. On fait arriver dans chaque cuve plate un mélange de 2/5 de

vinaigre antérieur et de 3/5 de vin ou de liquide à
acétifier, mélange qui constitue le moût. La hauteur
du moût dans la cuve plate peut varier de 0 m. 10 à
0, m. 30, à 0 m. 40 au plus. Le mélange se fait dans
le bac même ; on commence par faire arriver le
vinaigre préalablement chauffé et filtré (*s'il y a lieu*),
sinon amené directement, puis on ajoute le liquide
alcoolique. Ce dernier doit toujours être préalablement chauffé et filtré afin d'y détruire tous les
germes de fermentations étrangers, particulièrement
le *mycoderma vini* qui est l'ennemi du *mycoderma
acéti*. Le chauffage doit se faire à la température
maxima de 55° C.

Le moût étant rendu dans les bacs on sème à *sa surface* du *mycoderme* pur et jeune. On emploie à cet effet
une spatule spéciale représentée ci-dessous (fig. 11).

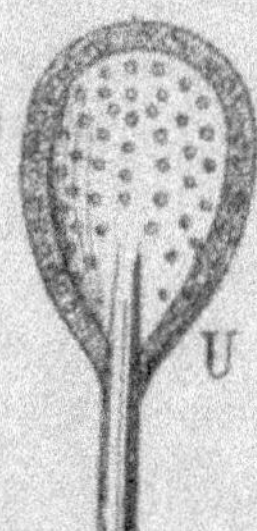

Fig. 11.

Cette disposition est commode pour prélever et
pour ensemencer le mycoderme à l'état de voile sans
le déchirer ni le froisser et sans le submerger en le
déposant.

Si nous supposons une installation en marche

depuis quelque temps, le liquide étant entièrement transformé en vinaigre, on prélève dans chaque cuve 5 $^o/_o$ de sa contenance tous les jours. Si la cuve renferme seulement 20 hectolitres, on a donc chaque jour 1 hectolitre de vinaigre fini à remplacer par un hectolitre de moût. Ce soutirage et cette addition sont rendus très facile par le système de robinetterie et de cuves d'alimentation d'une part, de vidange d'autre part installée comme nous avons décrit précédemment.

Ceci dure quelques jours ; puis le mycoderme commence à s'user et à dégénérer, ce qui se reconnait à ce qu'il prend la forme granuleuse au lieu de la forme en chaplet d'articles ; on vide alors complètement les cuves, on procède au nettoyage complet et on recommence ensuite une nouvelle opération.

Pour une fabrication importante on emploiera au lieu d'un bac A de cinq cuves, 10 bacs semblables par exemple, comprenant toute la même série d'organes. Pour ces 10 bacs la fabrication nécessitera chaque jour le travail suivant :

1° Vider et nettoyer un bac.

2° Mettre en travail un bac.

3° Soustraire de chaque bac la quantité déterminée de vinaigre fait (soit 5 $^o/_o$ par exemple).

4° Ajouter ensuite dans les cuves plates une quantite de moût filtré et chauffé égale à la quantité de vinaigre soustraite.

Le cycle de fabrication d'un bac comprendra donc 10 jours, au bout desquels il sera à nouveau nettoyé et remis en travail. La fig. 12 montre la disposition générale des appareils.

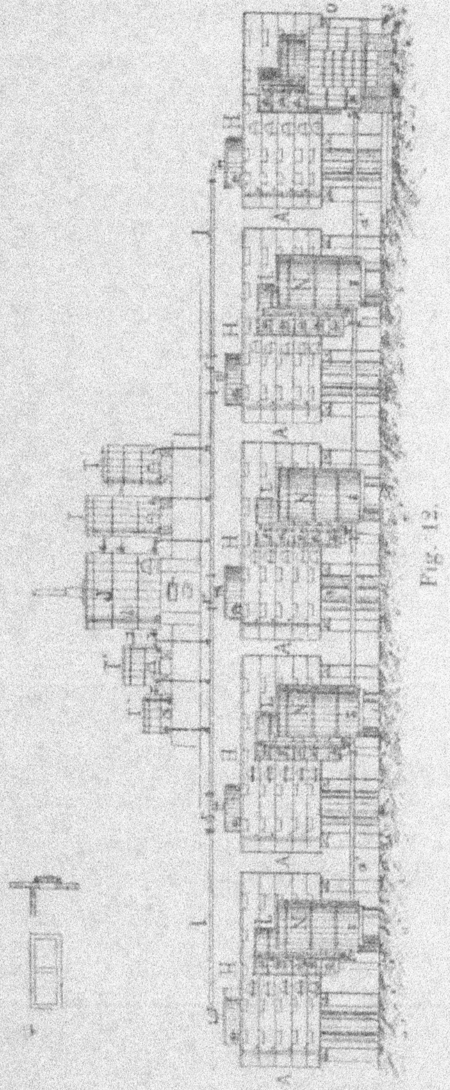

Fig. 12.

On pourrait dans une telle fabrication. pour réaliser quelques économies d'installation, supprimer certains organes accessoires tels que les petits filtres N. C'est une affaire à calculer suivant les conditions de lieu, le prix de la main-d'œuvre, etc.

Telle que nous l'avons décrite, une fabrication quotidienne de 50 hectolitres qui ne nécessite que 1 homme et un jeune aide coûte par jour, suivant M. *Claudon*.

Un homme et son aide	7	»
Matériel (30.000 fr.) intérêt....	5	»
Usure du matériel.............	5	»
Loyer de 2.000 fr.	5	55
Comptable et patente.........	10	»
Total...........	32	55

Ajoutons pour le chauffage, des 50 hectolitres 7 fr. 50, cela fait 40 fr., soit 0 fr. 80 par hectolitre fabriqué, ce qui est véritablement peu.

Une question importante se pose en présence de la disposition des appareils plus complexes que ne le sont d'ordinaire les autres appareils à vinaigre : c'est la nature des matériaux employés.

Toutes les cuves sont en bois, avec cercles de bois.

La plus grande partie des tuyaux est en caoutchouc. Les robinets. écrous, et autres accessoires forcément métalliques sont constitués par un alliage d'étain et d'aluminium de la composition suivante :

Aluminium	7
Étain.............	93

Certains tubes sont fabriqués avec cet alliage. Certains autres sont en cuivre rouge étamés suivant les cas intérieurement, ou extérieurement. Cet étamage doit être fait avec l'alliage résistant dont la composition a été indiquée par Richardson et Motte :

Etain.....	4 kgr.	534
Nickel....	0	283
Fer......	0	198

Enfin quelques organes peu exposés sont en fer.

Cet appareil présente d'excellents avantages de régularité, de propreté, de rapidité et d'économie dans le prix de revient de la fabrication. Il répond à toutes les exigences des théories de Pasteur : cuves plates, large superficie, épaisseur faible du moût, mycoderme toujours frais et non dégénéré, ne pouvant pas être submergé et donner naissance à la formation des anguillules ; chauffage du moût et du vinaigre pour y détruire les autres microorganismes étrangers nuisibles ou inutiles, condition qui assure la qualité et la conservation ultérieure du produit, enfin l'acide acétique ne peut jamais être détruit par l'activité du mycoderme puisque l'on peut suivre pas à pas la transformation de l'alcool et ajouter du nouveau moût, dès la disparition de ce dernier.

L'économie y trouve aussi son compte comme on peut le voir par le prix de revient de la fabrication.

Nous nous sommes un peu largement étendu sur ce procédé Pasteur-Claudon parce que nous estimons qu'il est regrettable que les théories de Pasteur n'aient pas reçu l'application qu'elles méritent.

Est-ce le fait de l'ignorance, de l'apathie, ou de la routine des fabricants ? Quoi qu'il en soit, il faut qu'on en répande les principes, et nous croyons faire œuvre utile en signalant, après M. Claudon aux fabricants un procédé qui présente tous les avantages désirables d'après l'expérience qu'en a faite l'auteur.

c. Procédé allemand, dit Méthode rapide.

Dans les procédés précédemment décrits, le processus d'acétification, on l'a vu, ne se passe qu'aux endroits où le liquide alcoolique est en contact avec l'air, endroits limités à la surface supérieure ; il est aisé de comprendre que l'accomplissement intégral de la réaction d'oxydation de l'alcool, dans ce cas, est lié intimement, en ce qui concerne sa rapidité, à la surface plus ou moins considérable de contact avec l'air, comme aussi au renouvellement de cet agent essentiel. Or, s'il est vrai que dans le procédé d'Orléans le renouvellement de l'air, pour plus ou moins parfait qu'il soit n'en existe pas moins, il est aussi constant que la surface d'activité du voile mycodermique est relativement faible, eu égard au volume de liquide en réaction, dans les montures. Dès longtemps, la lenteur du procédé d'Orléans avait été reconnue et incriminée et l'on avait recommandé avec raison, sans d'ailleurs s'appuyer sur un raisonnement scientifique, mais sur une vérité routinière, l'emploi de cuves plates à *diamètres considérables* qui assureraient au ferment une très vaste surface d'activité. En Allemagne, où l'on a toujours eu par nature moins le souci de la perfection et plus le goût de la rapidité et de la praticité qu'en France, on avait résolu le problème de la fabrication rapide du vinaigre par un procédé très ingénieux et tout différent, au moins dans la forme et qui est employé encore de nos jours sur une grande échelle, quoiqu'il soit fort anciennement connu. C'est ce procédé, désigné généralement sous le nom de *Méthode allemande*, ou *méthode rapide* que nous allons décrire.

Les principes de la méthode allemande ont été décrits pour la première fois par BOERHAAVE dans ses *Éléments de chimie*. Ils consistent essentiellement à diviser en gouttelettes le liquide alcoolique par une chute lente au travers de matériaux poreux en même temps qu'on fait circuler en sens inverse, c'est-à-dire de bas en haut, un courant d'air constamment renouvelé. L'édifice poreux qui sert de champ de réaction est choisi tel que les deux mouvements contraires, descendant du liquide, ascendant de l'air puissent coexister. Le liquide n'a plus, comme dans le procédé d'Orléans, un rôle passif ; il n'attend pas la venue et le renouvellement de l'oxygène : il va au devant. Dans sa chute, les surfaces se renouvellent constamment, et de plus, circonstance rationnelle, au fur et à mesure que le liquide gagne les parties les plus basses de l'édifice poreux, au fur et à mesure qu'il s'acétifie par conséquent, il rencontre une atmosphère de plus en plus chargée d'oxygène, c'est-à-dire de plus en plus active. Au bas de sa chute, il peut être complètement transformé en vinaigre, si la colonne poreuse possède une hauteur suffisante. Si cette dernière condition n'est pas réalisée, l'oxydation n'est que partielle, mais il suffit alors d'un second passage, au besoin d'un troisième, d'un quatrième, soit sur la même colonne soit sur d'autres semblables. Tel est le *principe mécanique* de cette méthode.

Le *principe chimique* de la transformation de l'alcool est absolument identique dans ce procédé à la transformation dans le procédé d'Orléans. Dans les deux cas c'est le mycoderma acéti qui effectue le transport de l'oxygène et sa fixation sur l'alcool, d'après les phénomènes d'ordre à la fois chimique et biologique que nous avons précédemment indiqués. Seulement les conditions de développement et d'existence du ferment ne sont pas les mêmes.

La participation du ferment acétique dans le procédé allemand n'est plus en discussion aujourd'hui ; mais pendant fort longtemps deux théories se sont trouvées en opposition à ce sujet. L'une, celle de Liebig a dû être abandonnée par ses partisans les plus convaincus, à la suite des expériences inattaquables de Pasteur : Liebig niait, non seulement la participation du mycoderma, mais encore sa présence.

Nous ne saurions reprendre ici, à nouveau, l'énumération des conditions de la fermentation acétique que nous avons énoncées précédemment. Mais il faut néanmoins que le fabricant qui désire connaître les principes de son art et les utiliser soit à la bonne marche de ses opérations, soit à l'apport de nouveautés dont la source, il ne faut pas l'oublier, est toujours dans la théorie et non dans un hasard heureux,

il faut que le fabricant se pénètre bien de ces principes et se dise qu'il ne saurait y avoir de vinaigre
ayant l'alcool pour origine, sans l'intervention à un
certain moment de la fabrication, *du ferment acétique*,
et que, d'autre part. l'action du mycoderma acéti
restera toujours subordonnée, d'abord, à la réalisation de ses conditions d'existence normale, ensuite à
la présence des matériaux à mettre en réaction,
alcool et oxygène, enfin à une certaine température
ambiante.

Le grand chimiste Liebig, qui resta toujours
l'adversaire le plus autorisé et le plus écouté de la
théorie alors nouvelle de Pasteur sur les fermentations en général, prétendait que tous ces phénomènes
de fermentation quels qu'ils fussent, expliqués par
Pasteur par l'action physio-chimique d'infiniments
petits, n'étaient en réalité explicables que par un
processus purement chimique. D'après lui, la réaction de transformation avait lieu en deux phases :

Première phase : l'alcool C^2H^6O fixait un atome
d'oxygène et se transformait en un corps intermédiaire instable, l'aldéhyle, suivant l'équation :

$$C^2H^6O + O = C^2H^4O + H^2O$$
$$\text{alcool} + \text{oxygène} = \text{aldéhyde} + \text{Eau}$$

Deuxième phase : L'aldéhyde, corps instable dans
ces conditions, fixait à son tour un nouvel atome
d'oxygène qui donnait alors naissance à l'acide acétique, produit définitif :

$$C^2H^4O + O = C^2H^4O^2$$
$$\text{aldéhyde} + \text{oxygène} = \text{acide acétique}$$

Indépendamment d'un grand nombre d'arguments plus ou moins contestables, Liebig assurait n'avoir pu découvrir trace de mycoderma acéti dans des appareils de fabrication du vinaigre par le procédé allemand qui cependant fonctionnaient normalement depuis 20 et 25 ans ! Il y avait certainement erreur d'observation, car cette hypothèse est inadmissible.

Il lui fallait cependant expliquer la cause déterminante du phénomène d'oxydation, car il est certain qu'un liquide stérile au point de vue germes, mis et laissé en présence d'air stérilisé, ne se transforme pas spontanément en acide acétique. Cette explication, Liebig la trouvait dans l'expérience suivante :

En laissant tomber goutte à goutte de l'alcool dilué sur de la *mousse de platine*, substance métallique excessivement poreuse, celui-ci se transforme très rapidement au contact de l'air en vinaigre, en l'absence de tout germe mycoderma. Dans ce cas particulier l'oxygène a été fixé sur l'alcool par un processus purement chimique. Mais là, il y a un phénomène tout spécial dû uniquement à une propriété mécanique de la mousse de platine, la propriété de condenser l'oxygène de l'air dans ses pores avec une très grande énergie et de pouvoir le fixer sur les éléments oxydables. Dans l'espèce, Liebig avait raison et jamais personne n'a contesté cette expérience ; mais de là à généraliser cette propriété et ce phénomène il y a loin, très loin ; car la mousse de platine est seule à en jouir.

Quoi qu'il en soit, toute opinion mérite d'être examinée et discutée, surtout lorsqu'elle est émise par une autorité telle que l'était Liebig. On doit donc se demander jusqu'à quel point les matières employées à la confection des colones poreuses dans le procédé allemand peuvent jouir de la propriété que nous venons de constater dans la mousse de platine ? Ce sont généralement des copeaux ou des sarments de vignes plus ou moins foulés, entassés dans des cuves ou tonneaux sur une certaine hauteur. Un examen convenable suffit pour leur refuser la propriété spéciale à la mousse de platine de condenser les gaz ; et d'abord, argument décisif, elles ne sont pas poreuses au sens du mot acceptable dans ce cas ; c'est l'édifice que forme leur ensemble qui est poreux, s'il est permis de désigner par ce terme l'état d'arrangement physique presque grossier de ces matériaux, destiné à permettre le passage simultané d'un courant d'air et de gouttes liquides très divisées.

C'est ainsi que nous pouvons en juger maintenant : cependant il faut reconnaître que s'il nous est permis de tenir ce langage c'est grâce aux confirmations inattaquables qui sont venues étayer les théories de Pasteur. Mais à l'époque, on conçoit que l'hypothèse de Liebig ait rencontré de nombreux partisans, car elle pouvait, dans l'incertitude qui régnait alors sur ces phénomènes, apparaître à certains comme fort plausible, quoiqu'alors, comme à présent encore elle restât en contradiction avec un grand nombre de faits observés.

En résumé, nous répéterons que de toute cette hypothèse de l'action des corps poreux, il ne reste rien. Le ferment acétique seul joue un rôle, le même absolument que dans le procédé d'Orléans ; seulement ses conditions de fonctionnement sont changées : au lieu de s'établir sous la forme d'un voile mycodermique plus ou moins épais, il se fixe aux mille petits copeaux qui forment les éléments de l'édifice poreux de l'appareil. Là, il se trouve en contact simultanément avec un excès d'oxygène du fait d'une circulation d'air ascendante, avec un liquide alcoolique de concentration convenable, renfermant les quelques éléments azotés et minéraux que nous avons dit précédemment être nécessaires à l'existence du mycoderma, ce liquide alcoolique ayant une circulation descendante, et enfin, dans des conditions de température favorables, provoquées artificiellement par un chauffage extérieur. Bref, le mycoderma acéti, se trouve, on le voit, dans des conditions entièrement favorables à l'exercice de sa faculté de transport de l'oxygène, et il fonctionne à sa manière habituelle. Voilà toute l'explication.

Il convient maintenant d'examiner quelles sont exactement les conditions d'acétification de l'alcool et de vie du ferment dans le procédé allemand, le principe général étant par ailleurs déterminé et admis.

En général, et pour des raisons qu'on trouvera plus loin, ce sont des alcools d'industrie dilués que l'on transforme en vinaigre dans cet appareil. Or ces alcools dilués ne renfermant pas, comme cela a lieu pour le vin, les substances qui sont indispensables au développement puis au fonctionnement du ferment, substances que nous avons nommées : sels minéraux, phosphates et matières albuminoïdes. Partant de là, des auteurs se sont écrié qu'il était inexplicable que le ferment pût vivre dans des conditions aussi anormales, puisqu'il ne semblait trouver de quoi se nourrir nulle part. Cependant il faut considérer d'une part que les besoins du ferment sont extrêmement minimes car un liquide qui renferme une partie pour 1000 des substances sus-nommées peut être considéré à son égard comme très riche. D'autre part, l'alcool d'industrie dilué n'est pas chimiquement pur ; il renferme quelques sels et matières organiques provenant de l'eau potable avec laquelle on dilue l'alcool concentré pour l'amener à la richesse voulue. D'autre part encore, il ne faut pas oublier que le support poreux où a lieu la réaction est une substance organisée, le bois, qui peut elle aussi céder de la matière azotée et du phosphore au ferment. Ce rôle chimique du bois a été nié parce qu'au bout d'une période très longue de fonctionnement, vingt ou trente ans par exemple, on a remarqué que les vieux matériaux renfermaient encore des substances azotées. Il est pourtant hors de doute et l'observation le démontre, que les matériaux de l'édifice poreux diminuent de volume et de poids assez rapidement (quelques années). En réalité, les fabricants ont soin de préparer une dilution propre à la nutrition du ferment en ajoutant à 9/10 de la dilution d'alcool, 1/10 de liquide nutritif (vin, petite bière, dilution de mélasse, solution de phosphate d'ammoniaque). En effet, sans ces précautions le fabricant n'obtiendrait pas un travail d'acétification ni rapide, ni complet, ni surtout continu.

Enfin, rappelons, comme nous l'avons déjà dit précédemment que l'activité du *mycoderma aceti* correspond en somme, à une situation anormale de vie de ce petit champignon. Cela ressort clairement des expériences de Pasteur, qui après avoir fait développer le mycoderma sur un liquide nutritif, enlève ce liquide, lave le voile pour enlever toute trace d'aliments dissous, puis remplace le liquide enlevé par de l'alcool chimiquement pur, dilué d'eau distillée. Pasteur s'exprime ainsi à ce sujet :

« La petite plante est alors placée dans des condi-
« tions exceptionnelles. Sa vie est très gênée sinon
« rendue impossible parce qu'elle n'a plus pour ali-
« ments que les principes qu'elle peut trouver dans
« sa propre substance. Or l'expérience démontre que
« dans ces circonstances anormales de maladies ou
« de mort, elle met immédiatement en réaction
« l'oxygène de l'air et l'alcool du liquide. L'acétifica-
« tion commence sur-le-champ et se poursuit avec
« une grande activité. »

« Pendant tout le travail d'acétification la plante
« éprouve des modifications assez profondes *sans*
« *toutefois augmenter de poids*, tout au contraire elle
« subit une sorte de combustion qui semble dissou-
« dre ses matériaux. »

Ainsi donc, on voit que le mycoderma acéti a besoin de matériaux pour naître et se développer, mais qu'il peut s'en passer, ou tout au moins n'en demande que fort peu, pendant l'exercice de ses fonctions de transporteur d'oxygène. Dès qu'on lui fournit des matériaux nutritifs en abondance, il abandonne l'alcool et fait de ceux-ci son nouvel objectif ; c'est alors qu'il se nourrit véritablement et se développe à l'excès sous la forme inactive des

mères du vinaigre, si fâcheuses dans le procédé d'Orléans.

C'est pour cette raison que dans le procédé rapide
il est fort difficile que les mères se développent. On
sait, en effet, comme nous venons de le rappeler que
le développement de cette forme du mycoderma est
lié non seulement à l'absence d'air, mais encore à la
présence abondante de matériaux nutritifs. La première de ces conditions n'est jamais remplie puisque
ce système est celui de la libre circulation de l'air
en excès. Quant à la seconde elle n'est remplie que
lorsque l'on *travaille des moûts fermentés* de brasserie,
du vin, ou autres liquides nutritifs par origine : Or
l'expérience de chaque jour démontre que les mères
se forment souvent avec ces derniers liquides, jamais
avec les alcools dilués. C'est une confirmation de
toute cette théorie.

La formation fréquente des mères du vinaigre
lorsque l'on traite dans l'appareil rapide des bières
ou des moûts fermentés démontre l'inaptitude de
cette méthode pour le traitement de ces liquides, qui
ressortent plutôt de la méthode d'Orléans perfectionnée. Cependant lorsque cet accident n'a pu être évité
malgré tous les soins, il convient d'y remédier au plus
vite et pour cela on n'a qu'une seule ressource :
vider complètement l'édifice poreux, remplacer les
buchettes de bois ou les copeaux par d'autres tout
neufs après avoir purifié, lavé, désinfecté soigneusement les parois des tonneaux. On peut réemployer
les mêmes matériaux si on a soin de les faire bouillir
quelque temps avec de l'eau.

On a remarqué que le ferment ne s'établit pas d'une

manière fixe sur les matériaux de l'édifice poreux.
Cela est facile à comprendre car il faut bien admettre
que la marche descendante ininterrompue du liquide
s'y oppose énergiquement et tend toujours à entraîner les résidus de mycoderma vers les parties les
plus basses des cuves. D'autre part, en aucun cas, on
n'emploie pratiquement du liquide à acétifier qui ne
contienne déjà en grand nombre des germes de mycoderma plus ou moins développés. Enfin, dans le procédé rapide, la quantité effective de ferment qui
entre en réaction est beaucoup plus faible que dans
le procédé d'Orléans quoique la rapidité ne soit pas
le fait de ce dernier. C'est que dans celui-ci une
grande partie reste inactive à l'état de mère, tandis
que dans l'autre, la petite quantité qui entre en jeu
voit son énergie décuplée, centuplée en raison des
conditions particulières où il se trouve. A poids égal,
ou, si l'on veut, à nombre égal d'individus, le coefficient de production est infiniment plus grand dans le
second cas.

Lorsque l'on emploie le charbon de bois comme
matière poreuse, au lieu et place du bois, il arrive
parfois, au grand étonnement du fabricant, que
celui-ci n'obtient qu'une acétification insignifiante,
voire même nulle. Cela provient de la présence fréquente dans le charbon de bois plus ou moins bien
préparé, d'une quantité infinitésimale de substances
antiseptiques, phénol et analogues, conséquence de
son mode de préparation, sorte de distillation sèche
et de carbonisation plus ou moins complète. Les antiseptiques ont en effet la propriété de tuer le ferment

acétique, comme tous les ferments d'ailleurs, et même à fort petites doses.

D'où, en pratique, la nécessité de toujours procéder à un lessivage soigneux préalable du charbon de bois ; d'ailleurs cette matière est peu employée.

De même, l'introduction de liquide chaud dans les appareils, susceptible d'élever la température à 70° tuerait le ferment : celui-ci succombe en effet à une température de 50 à 60°, en présence de l'humidité.

Ceci nous amène à parler de la température dans les tonneaux du procédé allemand. On sait que la fermentation est une cause de dégagement de chaleur assez important, bien entendu proportionnel à l'activité du phénomène. Réciproquement, cette même activité est liée à la température ambiante : d'autant plus grande que celle-ci se rapproche plus de 30-35° elle se ralentit graduellement avec l'abaissement du degré thermométrique. Une baisse de 2° à 3° a déjà une influence très sensible, ce qui prouve que la relation est très étroite. Les choses se passent, en somme, à ce point de vue, identiquement comme dans le procédé d'Orléans. Seulement dans la méthode rapide il est beaucoup moins facile de tenir la température dans les limites étroites que dans le vieux procédé français.

On conçoit, en effet, que la surface d'action incomparablement plus vaste, assure par son activité même, au sein de la masse un abondant dégagement de chaleur presque suffisant pour le maintien d'une température convenable. Cependant il est nécessaire de faire intervenir le chauffage artificiel. Nous en déterminerons les conditions.

Comme dernier facteur de comparaison avec le vieux procédé, nous ferons remarquer, d'après *Bersch* l'immense accroissement de la surface d'action, et cela par un exemple numérique : Soit une cuve d'une contenance de 3 mètre cubes ; en pratique on la garnira de buchettes ou brindilles de bois dont le volume réel est d'environ 0 m. cube 200 ; représentons-nous un prisme de bois de ce volume, ayant par conséquent 1 m. de long, 1 m. de large et 0 m. 20 de haut. Si nous le divisons en 200 feuilles de 1 mm. d'épaisseur nous voyons que la surface active est déjà pour cette division de 400 mètres carrés, accroissement considérable et qui explique bien l'énorme activité dans les cuves du procédé allemand, surtout si l'on considère que la division de ce bois dont nous nous servons comme exemple ne devrait pas s'arrêter là en pratique, pour obtenir un édifice poreux convenablement disposé.

Pour le fabricant, il résulte de tout cet exposé que le procédé rapide allemand peut être utilisé pour l'acétification de tous les liquides acétifiables ; seulement certains conviennent mieux au procédé d'Orléans et pour cette raison ils présentent dans le procédé rapide des difficultés qui rendent leur traitement peu propice. Comme nous l'avons déjà dit maintes fois, l'oxydation dans ce procédé tout en résultant de la même cause, est infiniment plus rapide. Cette suractivité entraine dans la réaction certaines substances coexistant avec l'alcoolique l'on peut être prédisposé à conserver ou seulement à détruire partiellement : c'est précisément le cas pour le vinaigre de vin où l'on désire conserver le bouquet du vin, une petite

quantité d'alcool de sucre, et développer un certain
arome. On arrive à ce résultat à la perfection dans
le procédé d'Orléans (cela s'achète cher il est vrai).
Mais si l'on travaille du vin dans l'appareil allemand
on obtient à la vérité du vinaigre, mais celui-ci ne
comporte plus les qualités d'odeur et de sapidité in-
hérentes à son origine, qui le font particulièrement
agréable et recherché. Cette saveur, cette odeur ont
disparu, car les principes qui en sont la cause, ont
été entrainés dans le torrent de l'oxydation, transformés, brulés. détruits.

Il est donc convenable de préparer le vinaigre de
vin par la méthode d'Orléans. Nous voulons parler
de la méthode perfectionnée, bien entendu, et non du
vieux procédé dont nous faisions récemment plutôt
le procès que l'historique.

Les extraits de malt, les bières et tout moût fermenté ayant analogie avec le liquide organique qu'est
le vin peuvent être traités par le procédé rapide,
mais ils pourront donner lieu à des désagréments si
l'on n'y prend garde. Souvent on aura des fermentations secondaires favorisant à l'excès cette suractivité
qui a fait la valeur de la méthode. Notamment une
sorte de fermentation visqueuse qui rend le liquide
épais, immédiatement suivie de la formation de nombreuses « Mères » accidents qui forcent le fabricant
à des nettoyages désagréables et dispendieux.

En somme le procédé rapide allemand semble fait
et adapté spécialement pour l'acétification des alcools
d'industrie dilués, c'est-à-dire destiné à la production
de ce qu'on désigne plus ordinairement sous le nom
de vinaigre d'alcool. C'est donc plus particulièrement

les alcools étendus d'eau, et additionnés d'une certaine quantité de vinaigre antérieur, pour y appor-
ter le ferment vivant indispensable, que l'on traitera
dans ces appareils. La richesse alcoolique de ces liquides variera entre 6 et 12° suivant les cas, et d'a-
près la concentration, l'acétification totale exigera,
on le comprend, un temps plus ou moins long.

*Dispositif de l'appareil rapide allemand. — Construc-
tion de cet appareil, matériaux, perfectionnements.* —
L'appareil servant à la fabrication rapide, que les
Allemands nomment l'*Essigbilder* ou « générateur
à vinaigre » doit être construit d'après certaines règles fondamentales, dictées par la théorie et aussi par
la pratique. Parmi tous ceux des procédés rationnels
des arts industriels, cet appareil est un des plus élé-
gants que l'on connaisse : on compte bien peu de cas,
comme le dit Knapp, où l'on ait aussi bien réussi
que dans celui là à établir la théorie d'un art chimique et à la mettre en harmonie avec les procédés
techniques. Mais pour arriver à l'appareil sinon parfait du moins le plus parfait possible, on a dû,
comme en toutes choses, procéder un peu par tâton-
nements ; et ce n'est pas du premier coup qu'on a
imaginé l'appareil aujourd'hui universellement employé en Allemagne. Avant de décrire celui-ci en détail nous examinerons un certain modèle, qui n'est
plus très employé, dont l'intérêt réside en ce fait
qu'il représente la période de transition entre l'ancien tonneau agencé en « Essigbilder » et l' « Essigbilder » actuel : On y trouve des enseignements pour
la construction de l'appareil rationnel et industriel,

en harmonie avec les nécessités de l'industrie acétique actuelle

Dans le procédé rapide, l'essentiel pour un appareil est de répondre le mieux aux conditions de la plus grande division possible à la fois pour le moût du vinaigre et pour l'air qui chemine en sens inverse. Il faut que le contact de l'air et du moût soit aussi *uniforme* qu'*intime*. L'oxygène se fixe alors sur l'alcool sous l'influence énergique du *mycoderma aceti*, un certain dégagement de chaleur se produit, qui provoque l'ascension plus rapide de l'air, et un appel d'air nouveau. L'appareil arrive peu à peu en plein fonctionnement et donne du vinaigre à jet continu. L'aménagement et le fonctionnement d'un appareil rapide, sous bien des rapports peuvent être comparés à ceux d'un fourneau ordinaire. Tous deux sont disposés pour *brûler*, l'un du *charbon*, l'autre de l'*alcool* au moyen d'un gaz comburant qui est l'air, et qui pourrait être l'oxygène pur. Ce qui s'appelle grille chez l'un, a nom chez l'autre : édifice poreux ou copeaux. Dans les deux cas il y a mise en liberté de chaleur puisqu'il ne saurait y avoir de combustion sans cela, et cette chaleur a pour effet d'établir une circulation ascendante de gaz qui entraine les produits volatils résiduaires de la réaction, acide carbonique, azote, excès d'air, dans l'un et l'autre cas, plus de la vapeur d'eau, d'alcool et d'acide acétique en petite quantité dans le second : l'analogie est frappante.

Chaque appareil doit posséder des ouvertures en haut et en bas pour assurer l'entrée et la sortie de l'air. On ne doit pas en exagérer le diamètre, ce qui occasionnerait une circulation excessive. On doit en outre pouvoir régler à volonté l'intensité du passage de l'air. Le système qui réalise le mieux ce *desideratum* consiste à installer à la partie supérieure de l'appareil une trappe à glissoires pouvant fermer plus ou moins, et au besoin entièrement, l'ouverture d'échappement du gaz. Comme la position centrale de cette ouverture peut avoir pour résultat la non-uniformité du courant d'air à l'intérieur, il est nécessaire de pratiquer non pas une seule, mais plusieurs ouvertures munies de trappes à glissoires, que l'on répartit uniformément sur le pourtour du couvercle. De cette manière, l'appel d'air est sensiblement égal dans toutes les parties de l'appareil, et en manœuvrant convenablement les trappes on peut régler avec la plus grande facilité la rapidité de l'oxydation.

Nous avons parlé plus haut d'une sorte d'appareil-type, appareil de transition entre le dispositif primitif et le perfectionné, sur lequel nous nous proposons d'étudier les questions de détails qui sont d'une grande importance, et les défauts qu'on y trouve, pour en faire notre profit et appliquer ces nouvelles connaissances à l'établissement d'un « essigbilder » rationnel. Nous présentons cet appareil dans la figure ci-jointe (fig. 13).

Il se compose d'une cuve en bois, solide, de forme cylindrique. Cette forme, qui est apparemment la plus rationnelle, est quelquefois remplacée par une forme légèrement conique vers le haut, à laquelle on se trouve conduit par certaines considérations de construction, notamment la solidité de l'encerclage.

Le rétrécissement du diamètre vers le haut est purement pratique comme on voit.

Les dimensions que l'on donne à l'appareil sont variables, mais on ne doit jamais descendre au dessous de certaines limites, car dans les grands appareils la température est beaucoup plus facile à régler à l'intérieur. Les dimensions varient entre 2 et 5 mètres de hauteur et 1 mètre à 1 mètre 30 de diamètre. Celles de 3 mètres de haut et 1 mètre de diamètre au bas nous paraissent les plus propices.

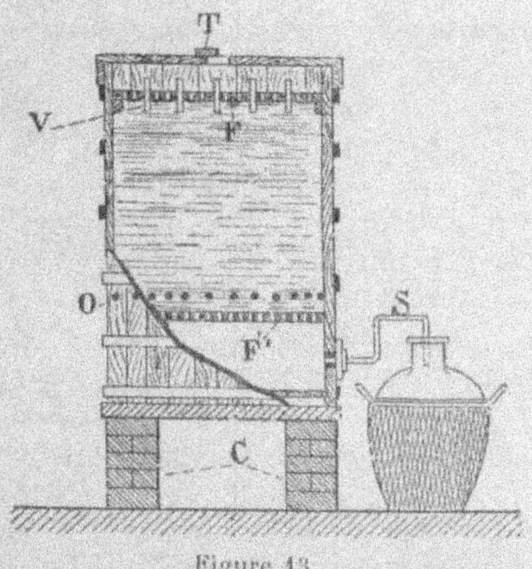

Figure 13.

Dans la cuve se trouvent deux faux-fonds F et F'. Celui du bas F' est percé de trous assez gros et assez nombreux ; celui du haut F qui doit donner passage, ainsi qu'on le verra, simultanément au moût et à l'air qui se dégage est également percé de trous, mais ceux-ci sont beaucoup plus nombreux et beaucoup plus petits. Ils sont uniformément répartis sur toute la surface de ce faux-fond. On a placé autrefois, et quelques fabricants recommandent encore de placer dans ces trous des cordelettes pendantes retenues par un nœud formant arrêt, qui répartiraient soi-disant plus uniformément le moût sur les copeaux. Il est préférable d'avoir des trous de diamètre suffisamment petit. Dans le faux-fonds F, on fixe en outre une douzaine de tubes de verre V ayant 20 cm. de longueur et un diamètre intérieur de 10 à 15 mm. Ces tubes servent au passage de l'air désoxygéné. En O, disposée circulairement, se trouve une série de trous pour l'admission de l'air, ces orifices sont inclinés vers l'intérieur de la cuve, c'est-à-dire que leur axe au lieu d'être horizontal, s'incline de l'extérieur à l'intérieur, ce qui permet d'éviter que le liquide qui coule sur les copeaux ne s'échappe par ces trous, les orifices internes étant à un niveau plus bas que les orifices externes. Sur l'appareil est posé un lourd couvercle présentant une ouverture centrale de 1 à 4 décimètres carrés pouvant se fermer graduellement au moyen d'un couvercle mobile T. Un tube-siphon S, qui peut être remplacé par une grosse cannelle de bois, sert à la vidange du liquide écoulé dans le fond de l'appareil.

L'espace compris entre F et F' est rempli de copeaux. Un thermomètre fixé sur une tige de bois pour plus de sécurité et pénétrant jusqu'au centre de l'appareil, permet de se rendre compte de la température interne.

L'espace rempli de copeaux est le lieu de la réaction de l'oxygène sur l'alcool. La façon dont sont disposés les copeaux est d'une grande importance, et influe directement sur la production. Il y a surtout deux conditions à observer. Un tassement bien égal des copeaux qui assure une filtration uniforme du liquide à travers la masse, et en même temps ni trop grand ni trop faible. La lenteur avec laquelle le liquide filtre est un effet subordonnée au tassement plus ou moins considérable, et il est évident que ce liquide doit cheminer avec une lenteur suffisante pour permettre une action efficace de l'oxygène, sinon totale, ce qui n'est jamais le cas dans la pratique car on effectue d'ordinaire deux ou trois passages successifs. 2° On ne doit pas non plus perdre de vue lorsque l'on dispose les copeaux dans l'appareil, la possibilité du passage facile de l'air. Ce gaz cesse de pouvoir circuler dans l'édifice poreux bien avant qu'il en soit de même pour le liquide, aussi c'est surtout sur le passage de l'air que l'on doit se baser.

Lorsque les copeaux ne sont pas assez denses, et qu'ils offrent un passage trop facile, il s'y produit des fissures, voies toutes tracées pour liquide et gaz et la réaction localisée en ces espaces étroits se ralentit dans des limites considérables : on perd du temps, le défaut contraire produit un même résultat.

Le fonctionnement théorique de cet appareil apparaît nettement au simple examen de sa disposition. Le moût placé en haut, au-dessus du faux-fond supérieur F, s'écoule lentement par les nombreux trous de ce faux-fond, garnis ou non de ficelles ; il arrive sous forme d'une pluie déjà très divisée sur les copeaux et chaque goutte, acquérant une énorme surface, descend lentement de copeaux en copeaux, jusqu'à ce qu'elle ait traversé toute l'épaisseur du récipient. Par les trous O un courant d'air s'introduit dans la cuve et s'élève en sens inverse de la marche du liquide. Une certaine quantité de chaleur est mise en liberté qui, tout en facilitant et activant la réaction, établit bientôt un véritable appel d'air qui se renouvelle constamment par ce moyen. Le gaz partiellement désoxygéné s'échappe du faux-fond F par les tubes verticaux V et par l'ouverture centrale T. Celle-ci est munie d'une trappe à coulisse dont la fermeture ou l'ouverture plus ou moins grande commande la circulation de l'air.

Plusieurs inconvénients graves sont l'apanage de cet appareil. L'air qui pénètre en O, en agissant immédiatement sur le moût qui se trouve au voisinage des ouvertures, s'échauffe, et acquérant une moindre densité, tend à s'élever verticalement le long des parois, sans pénétrer vers le centre, et à former ainsi une sorte de courant gazeux ascendant et annulaire qui ne règne qu'à la périphérie. On peut se convaincre expérimentalement que la réaction est très peu active au centre en introduisant dans l'appareil la tige d'un thermomètre, la température pouvant servir de mesure à l'intensité du phénomène d'oxydation. On observe ainsi des températures très différentes au centre et à la périphérie.

L'appareil qui vient d'être décrit est encore en usage dans un grand nombre de fabriques en Allemagne, mais on doit lui préférer le suivant beau-

coup plus]perfectionné, qui se répand de plus en
plus et dans lequel, par un dispositif convenable,
on [s'est surtout efforcé d'uniformiser la circulation
de l'air. Dans ce but, on a remplacé les trous exté-
rieurs par des tubes pénétrant jusqu'au sein de l'appareil, c'est-à-dire vers les 2/3 du rayon. On parvient ainsi à introduire de l'air au centre de la cuve.

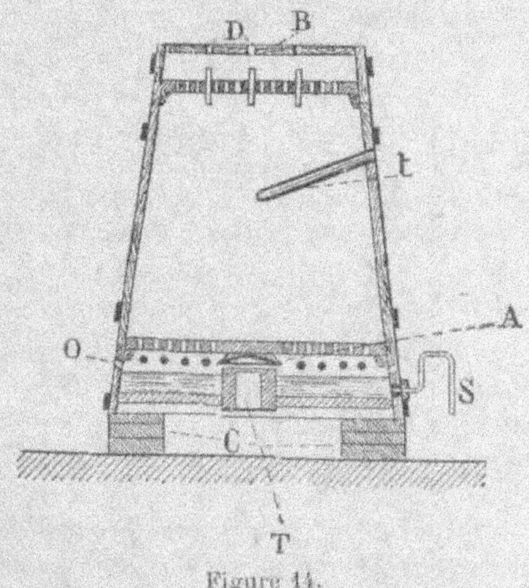

Figure 14.

On arrive au même but beaucoup mieux en plaçant
au bas de l'appareil, juste au centre, un gros tuyau
vertical d'arrivée d'air.

Dans l'appareil ci-contre (fig. 14), le couvercle B
est percé d'environ 6 ouvertures de dégagement
pouvant se fermer facilement soit totalement, soit
partiellement. Dans le faux-fond supérieur sont fixés

des tubes de verre au nombre de 6 dont l'extrémité supérieure se trouvant proche du couvercle assure le dégagement de l'air pendant le même temps que le moût séjourne sur le faux-fond. Un tube renfermant un thermomètre *t* se trouve placé au milieu de la cuve et permet d'observer la température aux différentes profondeurs.

Sous le faux-fond intérieur se trouve un tuyau vertical T de gros diamètre dont l'ouverture supérieure est protégée par un chapiteau de bois qui empêche le vinaigre de s'y engager en tombant de la colonne de copeaux. Ce tuyau central permet à l'air d'arriver au centre même de l'appareil. Un grand nombre de trous obliques O disposés à la périphérie fournissent de l'air également. Le vinaigre qui s'écoule se réunit dans l'espace E et est soutiré par le siphon S.

Un appareil que l'on construit doit être lessivé très complètement pour éliminer du bois les substances solubles âcres qui en imprègnent la fibre. Ce lessivage est un travail sans grande difficulté, mais qui demande à être effectué avec soin. On peut soit opérer en faisant macérer toutes les pièces dans l'eau froide et en renouvelant celle-ci aussi fréquemment qu'il est nécessaire, soit en opérant avec de l'eau bouillante ce qui vaut mieux. Mais le procédé préférable est de fermer toutes les ouvertures sauf une de l'appareil neuf tout monté, et d'y envoyer de la vapeur d'eau sous une certaine pression. La vapeur se condense bientôt en eau bouillante surchauffée qui ruisselle de toutes parts et dissout les principes âcres du bois neuf. En moyenne, il suffit d'un traitement de 30 ou 40 minutes pour terminer l'opération à l'entière satisfaction du fabricant.

L'emploi d'un générateur de vapeur dans les fabriques de vinaigre est toujours d'un grand avantage pour une fabrication quelque peu importante, et à ce point de vue nous désirons fort que cet appareil si utile devienne en faveur auprès des vinaigriers.

On peut en trouver un très utile emploi non seulement pour le nettoyage et l'apprêt d'un appareil neuf comme nous venons de le dire, mais encore pour le nettoyage des appareils ayant longtemps fonctionné normalement et qui cessent tout à coup leur service, sans cause apparente. Cela se produit *toujours* par suite d'un désordre dans la réaction ou l'encombrement des orifices et de la masse poreuse par le mycélium.

Il n'y a qu'une ressource dans cette circonstance : arrêter immédiatement l'appareil, le vider de liquide, puis des copeaux et des faux-fonds démontables, le lessiver de fond en comble et le remplir de nouveau avec des copeaux neufs. Le lessivage doit toujours dans ce cas, être fait à l'eau chaude qui tue les ferments, car ces accidents de fabrication sont toujours dus à l'envahissement par des colonies de ferments étrangers et au mycélium gélatineux, qui est une forme dangereuse du mycoderma. Tous les individus des espèces étrangères, comme d'ailleurs le ferment acétique lui-même qui est généralement devenu trop vieux et trop atténué dans ce cas, doivent être détruits totalement si l'on veut que l'appareil, bientôt rentré en fabrication, ne subisse pas au bout de quelque temps, de nouvelles perturbations et interruptions de travail.

Le travail de démontage et remontage d'un appareil est des plus pénibles ; il demande beaucoup de temps. Si l'on possède un générateur de vapeur on évite tout ce désagrément dans la plupart des cas en y envoyant, pendant trois quarts d'heure ou une heure de la vapeur sous pression qui le nettoie mieux que tout autre procédé et détruit radicalement tous les germes étrangers et les mauvais ferments. L'appareil est ensuite ramené pour ainsi dire dans l'état de neuf. On le répare s'il y a lieu et avant de le remettre en travail on l'*acidifie*. Nous allons expliquer le sens de ce terme.

L'*acidification* est une opération qui se pratique aussi bien sur l'appareil neuf que l'on veut mettre en travail que sur l'appareil nettoyé et remis à neuf. Dans les deux cas, elle se passe de même et consiste à faire passer pendant quelque temps dans l'appareil, en guise de moût, un vinaigre obtenu antérieurement, choisi pour ce rôle parmi les meilleurs. Le but de l'acidification est double. C'est d'abord, pour l'appareil neuf, de parfaire l'opération du lessivage en enlevant définitivement les dernières traces de substances extractives du bois neuf que l'eau bouillante n'a pas pu dissoudre, mais que le vinaigre fabriqué dans l'appareil neuf dissoudrait en acquérant un goût détestable. C'est, en deuxième lieu, d'introduire au sein de l'édifice poreux les individus du ferment acétique qui s'y multiplieront et seront les agents de l'acétification ultérieure. Comme la qualité du vinaigre dépend de la nature du ferment,

on comprend aisément qu'on fasse toujours choix
de vinaigre excellent pour cette opération de l'acidification, qu'un bactériologiste qualifierait *d'ensemencement*.

Beaucoup de fabricants, on pourrait dire la presque totalité, font subir au vinaigre d'acidification
l'opération de l'ébullition avant de l'employer. C'est
un reste de la routine d'autrefois. Ils prétendent
rendre leur vinaigre plus mordant et meilleur par
ce traitement. C'est une erreur : l'ébullition n'a pour
effet que de tuer le ferment acétique *de bonne qualité
par hypothèse*, qui y préexiste, et d'affaiblir la *force*
du vinaigre par le départ d'un peu d'acide acétique
dans la vapeur. Après le refroidissement, de nouveaux germes se développent dans le vinaigre bouilli ;
ceux-là sont quelconques, bons ou mauvais ; et dans
cette incertitude on conçoit qu'il est fâcheux de s'en
servir pour ensemencer un appareil. Ces considérations n'empêchent pas bon nombre de fabricants
d'être d'actifs « bouilleurs de vinaigre », comme les
appellent les Allemands. C'est fort regrettable et il
serait à désirer que dans les anciennes installations,
comme dans les nouvelles créées ou à venir, l'on
modifiât comme suit la pratique de l'ébullition. Nous
disons « *modifier* » à dessein et non pas *supprimer*,
car le chauffage modéré du vinaigre peut avoir certains avantages.

On sait que le ferment acétique peut résister à
une chaleur humide de 60 à 62° centigrades. D'autres
espèces de ferments nuisibles ne résistent pas, même
à des températures inférieures. En ayant soin de ne
chauffer le vinaigre qu'à la température de 50 ou

55° C. au plus, on réalise une véritable sélection, et au lieu de le détériorer, on améliore son vinaigre. Nous conseillons donc, non pas de supprimer le chauffage du vinaigre, mais de le modifier dans ce sens.

Au point de vue mécanique, l'opération de l'acidification se borne à faire passer pendant quelques jours, si l'appareil est neuf, quelques heures s'il a déjà travaillé, du vinaigre encore légèrement chaud. On s'arrête au moment où le vinaigre coutant au bas ne présente plus aucun arrière mauvais goût.

L'appareil est alors entièrement prêt à la fabrication : il est *monté*, *lessivé*, *ensemencé*, trois opérations correspondant à trois phases distinctes, comme on a pu voir. On commence à y faire couler lentement du moût de vinaigre qui s'acidifie d'abord très légèrement, puis la chaleur dégagée par cette première réaction aidant, l'action oxydante devient plus intense, et on augmente graduellement la quantité de moût pour arriver en quelques jours à une production continue, intense, en même temps que normale.

Nous avons étudié la construction rationnelle de l'appareil rapide allemand, nous allons voir maintenant comment doit être installé cet appareil dans l'atelier du vinaigrier, et comment doit être disposé cet atelier. Celui-ci doit nécessairement répondre parfaitement aux exigences de l'acétification, après l'Essigbilder, c'est le premier auxiliaire du fabricant.

On peut installer un atelier de vinaigrier dans une vaste pièce d'habitation quelconque, mais en raison

d'exigences spéciales, si l'on a une fabrication de
quelque importance, et si l'on veut réunir les meilleures chances de réussite dans une usine, il faut
construire à cet effet, et spécialement, un bâtiment
approprié ; c'est une dépense, il est vrai, mais les frais
occasionnés sont rapidement récupérés en raison des
meilleurs résultats obtenus, des chances d'insuccès
écartées. Les dispositions pratiques de l'atelier doivent en général s'inspirer de la conformation des
lieux, et à ce point de vue il existe une grande latitude pour le fabricant, mais la condition la plus
importante est de pouvoir régler à volonté l'élévation
de la température dans l'atelier. Pour arriver à ce
résultat le bâtiment doit posséder deux qualités :
1° système de chauffage permettant d'échauffer l'atmosphère intérieure ; 2° aptitudes à conserver cette chaleur. Cette seconde condition est réalisée si l'on a
soin de le munir de murailles épaisses avec doubles
portes et doubles fenêtres. A l'intérieur, les parois
seront tapissées avec des doubles de papier fixés non
pas à la colle qui s'altérerait sous l'influence des
vapeurs acétiques, mais avec un vernis solide à base
d'huile de lin. Au moyen de ce revêtement interne
qui a la propriété d'être mauvais conducteur à un
haut degré on arrive plus aisément a maintenir dans
des limites convenables la température de l'atelier ;
de plus, la maçonnerie se trouve très efficacement
protégée contre les vapeurs d'acide acétique que les
cuves émettent pendant la fabrication. L'enduit ou
ravalement en plâtre s'attaque beaucoup moins dans
les mêmes conditions que l'enduit à la chaux qui passe
peu à peu à l'état d'acétate, aussi doit-on préférer le

premier. L'acétate de chaux étant un composé déliquescent, sa formation le long des murs est toujours un grave inconvénient en raison de l'humidité qui s'y établit à l'état de permanence, avec tout un cortège obligé de moisissures et de champignons désagréables. Ce qui, d'après certains industriels, est encore préférable, est un mur en briques apparentes sans enduits avec des joints au ciment ou à la chaux hydraulique.

Nous venons de voir comment on conserve la chaleur dans un atelier de vinaigrier ; mais comment la produit-on ? Deux origines distinctes sont à considérer. Il y a d'abord l'échauffement spontané de l'Essigbilder qui est une conséquence de la réaction chimique oxydante dont l'acide acétique est le produit, ensuite la chaleur produite artificiellement au moyen d'un calorifère, car la première source de chaleur est rarement suffisante pour maintenir le degré voulu, c'est-à-dire environ 30° centigrades, que nécessite la bonne marche de l'opération. Il va de soi que la température de la localité est subordonnée elle-même à la latitude du lieu et à la saison, et influe directement sur la nécessité de recourir plus ou moins au chauffage artificiel.

Si l'on cherche à déterminer quelle quantité de chaleur est mise en liberté par suite de la réaction dans un « Essigbilder » et que pour cela on se reporte aux mesures théoriques de calorimétrie on constate que 1.000 grammes d'alcool en se transformant en acide acétique dégagent 1.480 calories, ou unités de chaleur, quantité suffisante pour porter de 0° à 1° c., 1.480 litres d'eau, ou pour élever de 15° c. une quantité 15 fois moindre, soit 100 litres environ. Or, si nous admettons le cas de la fabrication d'un vinaigre à environ 5 0/0 d'acide acétique en poids, correspondant à un moût alcoolique titrant 5 0/0 d'alcool en volume ou ce qui revient au même 4 0/0 en poids, ces 100 litres renfermeraient 4 kilogrammes d'alcool, pouvant par conséquent dégager assez de chaleur pour élever la température bien au-dessus de la limite normale qui est d'environ 30° c. il est vrai que nous ne faisons pas la part de la déperdition de la chaleur par rayonnement, par ventilation et par évaporation qui est considérable. Tellement considérable que l'on a reconnu la nécessité du chauffage artificiel dans certains cas et dans certaines saisons, circonstances variables avec les installations et le climat. Mais il n'en reste pas moins démontré que l'acétification est une source très importante de chaleur.

Nous répétons que l'appareil de chauffage est un des accessoires les plus importants d'une fabrique de vinaigre par le procédé allemand. Il doit surtout être construit convenablement. Son but n'est pas un chauffage énergique, mais au contraire modéré et surtout égal, permettant d'obtenir cette température voisine de 30° C. qui doit être l'objectif du vinaigrier.

Un calorifère à réglage est l'appareil qui répond le mieux à l'exigence qui est de fournir pendant un long espace d'heures un courant non interrompu d'air chaud dont la température, par une simple manœuvre d'un régulateur ou clé peut être modifiée très rapidement s'il y a lieu, ou se maintenir égale et constante pendant longtemps s'il le faut ainsi.

Comme l'air chaud est moins dense que l'air froid et possède par conséquent une tendance à s'élever, les parties supérieures sont toujours plus chaudes que les parties qui avoisinent le sol. La température devant être aussi égale que possible partout, le calorifère de chauffage doit être établi dans une sorte d'excavation assez profonde creusée dans le sol, soit au centre soit à l'une des extrémités de l'atelier. L'air chaud ne doit pas s'échapper directement au dessus du fourneau : il s'élèverait verticalement sans se répandre à la surface. Il est beaucoup plus avantageux de le canaliser au moyen d'un ou plusieurs conduits larges qui le distribuent par le moyen de bouches de chaleur à différents endroits. Les canalisations doivent être horizontales ou seulement légèrement inclinées. Dans une grosse installation on dispose deux calorifères a des endroits différents ou bien on établit une cave au dessous de l'atelier et c'est dans cette cave, munie de bouches de chaleur que l'on chauffe.

L'atelier renferme non pas un seul appareil d'acétification mais au moins trois, le plus souvent quatre, même s'il s'agit d'une petite installation. Nous savons en effet que trois passages, au minimum, sont nécessaires pour parfaire l'oxydation de l'alcool ; il faut donc trois appareils ou quatre si l'on ne veut pas être obligé de repasser le moût sur le même appareil : on évite ainsi de grandes pertes de temps et on simplifie beaucoup la main-d'œuvre. Ayant donc 4 « Essigbilders » où le moût passe successivement ; il semblerait rationnel au premier abord de les étager de façon que le moût d'origine sorte au bas, sous forme de vinaigre terminé. Mais à cause de la hauteur assez grande de l'appareil les quatre étages de cuves représenteraient un édifice beaucoup trop considérable pour un atelier de vinaigrier. C'est pourquoi dans toutes les fabriques, ou tout au moins la grande majorité, on place côte à côte les appareils et on pourvoie à l'élévation des moûts au moyen de pompes spéciales ou d'appareils élévatoires.

Ce transport de bas en haut du moût, répété à plusieurs reprises constitue un travail qui consomme beaucoup de force. Les pompes qui comprennent des parties métalliques ne sont pas appropriées, les métaux industriels éprouvant tous une attaque plus ou moins rapide par l'acide acétique. Cet inconvénient s'évite par l'emploi du caoutchouc durci qui possède une résistance remarquable à l'égard de l'acide acétique. Le cylindre principal de la pompe élévatoire peut être en bois dur, avec piston et soupapes en caoutchouc durci : c'est le meilleur système à adopter. En général, il est inutile de faire plusieurs passages et si l'opération est bien conduite, on peut faire couramment du vinaigre à 8° acétique au moyen d'un seul passage d'une dilution alcoolique à 9° ; dans tous les cas deux passages sont largement suffisants.

Mise en marche d'un appareil. — Nous avons assisté au montage d'un appareil neuf, au nettoyage d'un appareil interrompu pour une cause anormale, deux circonstances qui appellent après elles la mise en marche de la fabrication.

Avant toute chose les copeaux neufs doivent après le lessivage à l'eau être macérés dans du très fort et très bon vinaigre. Nous avons déjà relaté et expliqué cette pratique. La macération dans le vinaigre doit être d'au moins 24 heures, on peut alors commencer à mettre l'appareil en marche. Pour cela on verse d'abord dans le faux fond supérieur du vinaigre antérieur de bonne qualité ne renfermant que peu d'alcool. Il est préférable que ce *moût* soit préalablement chauffé vers 35°, car au début l'action chimique est trop faible pour dégager une quantité de chaleur capable de suffire à la perte par rayonnement et d'échauffer la masse du liquide au degré voulu. C'est au début aussi que l'aide du chauffage artificiel est précieuse. Au bout d'un certain temps de passage de ce moût acétique qui commence l'action, lorsque par exemple la température s'est établie vers 30-32° et semble y rester désormais fixe, la réaction commence véritablement et l'alcool est transformé activement. On remplace alors le moût acétique spécial du début par le véritable moût qui produira le vinaigre, et la fabrication entrée dans sa phase active se poursuit aussi longtemps qu'un fonctionnement anormal, encrassement, surélévation brusque ou abaissement de la température, envahissement de mères, d'anguillules ou de ferments étrangers, etc., ne vient pas l'interrompre en nécessitant le nettoyage de l'appareil.

Plusieurs appareils fonctionnent simultanément pour les passages successifs du moût. Pour le vinaigre ordinaire deux ou trois passages suffisent généralement, mais cela dépend bien entendu de la capacité et de la puissance des cuves, ainsi que de la concentration alcoolique du moût traité, et de la force du vinaigre que l'on veut obtenir. Pour la production de vinaigre très fort on va souvent jusqu'à faire cinq passages et même plus, toutefois ces considérations perdent de leur importance en industrie car la vente des vinaigres concentrés est bien moins importante que celle des vinaigres ordinaires.

Il est de beaucoup préférable de ne verser, sur le faux fond supérieur, le moût que par petites portions régulièrement espacées. En versant toute la quantité d'un seul coup ou par grandes quantités le liquide se précipite au travers des matériaux poreux, les traverse directement sans contact suffisant avec l'air et la transformation est presque nulle. En opérant par petites additions régulièrement espacées le moût se répand uniformément dans toute la masse des copeaux et la réaction s'accomplit rationnellement et rapidement. Le volume de moût à ajouter à chaque affusion doit être proportionné à la capacité de l'appareil. Il ne faut pas en effet qu'elle puisse d'un seul coup faire baisser trop la température interne de l'appareil. Il convient d'éviter ces à-coups par tous les moyens. Aussi, pour ne pas avoir à s'en remettre à l'exactitude des ouvriers pour la quantité et la régularité des affusions de moûts on a imaginé différents dispositifs automatiques ; l'un des plus simples, le type de ces systèmes, est une auge à bascule placée au milieu du couvercle. Cette auge, qui peut basculer à droite ou à gauche autour d'un axe est divisée en deux compartiments égaux. Un robinet, qui coule constamment, remplit dans un temps donné l'un des compartiments, et, le centre de gravité se trouvant déplacé par cette nouvelle charge, l'auge bascule, le contenu du premier compartiment se répand dans la cuve, tandis que le second compartiment vient se présenter automatiquement au-dessous du robinet, se remplit, bascule à son tour en rétablissant le premier compartiment dans sa position première, etc. — En réglant le débit du robinet, on règle du même coup l'espacement des déversements de moût. Nous parlerons d'ailleurs de certains dispositifs spéciaux et perfectionnements introduits dans l'industrie.

Préparation du moût. — Pour préparer la liqueur alcoolique qui sera transformée en vinaigre : le moût, il est d'abord indispensable de savoir qu'elle force, c'est-à-dire quel pourcentage en acide acétique devra posséder le vinaigre qu'on se propose d'obtenir. On conçoit que cette quantité d'acide est liée à la teneur en alcool du liquide primitif, puisque la transformation de celui-ci en celui-là est moléculaire, il est donc facile de calculer quelle teneur alcoolique on devra employer pour telle ou telle teneur acétique désirée. Il suffit pour cela de savoir que 100 parties d'alcool en poids donnent exactement 130,43 parties d'acide acétique pur ; le coefficient de calcul est donc 1,3043. Du chiffre théorique obtenu il convient de retrancher environ 15 0/0 en moyenne représentant les pertes par évaporation et par non-transformation, qui sont inévitables, 85 0/0 représentant la moyenne ordinaire qu'on récupère à l'état d'acide acétique dans la pratique. Une légère difficulté se présente : le coefficient 1,3043 se rapporte à l'alcool en poids ;

or, d'ordinaire on exprime l'alcool en degrés centésimaux, c'est-à-dire en volumes pour 100. Il faut
donc se rapporter aux tables des degrés alcooliques
donnant comparativement les volumes et les poids
pour 100. C'est une légère complication. En pratique
et par une circonstance toute fortuite, on a reconnu
que l'alcool en volume s'exprime par le même chiffre
que l'acide acétique en poids du vinaigre qui en
dérive. Un moût à 5° alcoolique donnera par exemple
environ 5 0/0 d'acide acétique. Le chiffre réel est
5,20 0/0, mais la fraction représente la perte normale éprouvée pendant la fabrication.

Voici un petit tableau, suffisamment exact, qui
rendra des services dans ces calculs :

*Tableau de correspondance des degrés alcooliques en
volume, en poids, et en pourcentage d'acide acétique
dans le vinaigre produit.*

Alcool en poids	Alcool en volumes degrés	Teneur du vinaigre acide acétique
1 0/0	1°26	1.3043 0/0
2	2.51	2.6086
3	3.76	3.9129
4	5.00	5.2172
5	6.24	6.5215
6	7.48	7.8258
7	8.72	9.1301
8	9.95	10.4344
9	11.17	11.7387
10	12.40	13.0430
11	13.62	14.3473
12	14.84	15.6516
13	16.05	16.9559
14	17.26	18.2602
15	18.48	19.5905

A partir de 11 0/0 d'acide acétique, ces chiffres n'ont plus d'intérêt pratique pour le vinaigrier, car il est littéralement impossible de fabriquer de premier jet du vinaigre de cette concentration dans les appareils.

Dans la préparation du moût entrent de l'alcool d'industrie, de l'eau ordinaire et du vinaigre antérieur, ce dernier apportant avec lui le ferment acétique et les éléments de sa nutrition. On emploie en outre soit lorsque les appareils se ralentissent dans leur production et lorsque le ferment semble souffrir du défaut de nourriture, soit pour obtenir du vinaigre de qualité spéciale, des additions de liquide divers, vendus sous certains noms dans le commerce, tantôt de l'extrait de malt, ou du vin, de la bière, tantôt des sels, particulièrement des phosphates Nous parlons ailleurs de ces additions. Pour le moment nous considérons le moût comme formé exclusivement des 3 éléments que nous venons de nommer : alcool, eau, vinaigre antérieur. Examinons-les chacun séparément.

L'alcool industriel est toujours de haute concentration : on l'emploie en grande quantité, mais on emploie aussi parfois de l'alcool étendu, ou esprit de vin dont la teneur est d'environ 20°. Quelle que soit d'ailleurs cette teneur, il faut que le vinaigrier puisse s'en rendre compte rapidement soit au moment de la réception, soit avant de faire ses solutions, puisqu'il lui faut se baser sur les calculs que nous avons indiqués précédemment dans cette opération. Nous ne nous étendrons pas sur l'emploi des aréomètres pour la détermination de la quantité d'alcool contenu dans

un liquide alcoolique : l'alcoomètre Gay-Lussac est
trop connu pour nécessiter une longue description.
En France l'alcoomètre centésimal à seul cours légal.
En Allemagne on emploie beaucoup l'alcoomètre de
Tralles, en Angleterre celui de Sykes.

En ce qui concerne l'alcoomètre centésimal il suffit
de se reporter aux tableaux qui accompagnent l'instrument, après avoir noté la température, ce qui est
essentiel, pour connaître la teneur en degrés, c'est-à-
dire en volume, et de ce fait la teneur en poids 0/0
par simple transformation.

L'eau que l'on emploie est de l'eau potable ordinaire. Il ne faut pas qu'elle soit séléniteuse, on introduit ainsi dans le vinaigre du plâtre qui par sa trop
grande proportion dans certaines eaux serait nuisible
à la qualité du vinaigre.

Le vinaigre antérieur, comme son nom l'indique
est du vinaigre de bonne qualité obtenu précédemment par le même procédé.

Lorsqu'il s'agit de transformer un alcool de degré
connu en un moût qui donnera du vinaigre d'une
teneur déterminée, il faut tout d'abord calculer
quelles proportions des trois composants on devra
employer, le vinaigre entrant dans le moût pour 20 à
30 0/0.

Soit donc un alcool à 80° centésimaux (80 volumes)
et qu'on veuille obtenir un vinaigre à 4 0/0 d'acide
acétique en poids. On se reporte au tableau que nous
avons indiqué : 4 0/0 d'acide acétique en poids proviennent d'un moût renfermant 3,76 en volume d'alcool, ou 3 0/0 en poids. On dit alors, chaque litre

d'alcool à 80° c. fournira $\dfrac{80}{3,76}$ litre de moût, soit 24 litres 200 partant par exemple de 100 litres d'alcool à 80° on obtiendra 2120 de moût, soit à ajouter 2120 — 100 = 2020 litres d'eau. A ces 2020 de moût on ajoutera 25 0/0 de vinaigre antérieur, soit 550 litres environ ; le mélange à faire est donc le suivant :

<pre>
Alcool à 80°......   100 litres.
Eau ....   2.020   —
Vinaigre antérieur.   550   —
</pre>

Le mélange doit se faire en deux temps : alcool et eau qui se fait dans les cuves métalliques fermées si l'on veut, puis addition du vinaigre dans les cuves de bois. Avant d'être versé dans les « essigbilder » le mélange doit être chauffé à 25° pour éviter le refroidissement qui se produirait par son introduction si on négligeait cette précaution. Une manière d'opérer très convenable est aussi de chauffer l'eau, puis d'y ajouter le vinaigre et enfin en tout dernier lieu l'alcool, on évite ainsi sensiblement la perte par évaporation en n'ajoutant l'alcool que le plus tard possible. Il est bon aussi pour la même raison de faire arriver l'alcool par un conduit, tout au fond du liquide et d'agiter en même temps plutôt que de le verser à la surface. Par suite de l'addition de l'alcool et du vinaigre froids la température baisse, aussi on doit prendre ses précautions à l'origine en chauffant l'eau sensiblement au-dessus de 30°. Ce chauffage se fait au mieux dans des cuves de fer, avec robinet de vidange. Si on a de la vapeur à sa disposition on chauffe au moyen de serpentins au fond des cuves. Toutes les cuves doivent être couvertes.

En France, cette façon de procéder n'est pas admise car la *dénaturation* (c'est le terme consacré) de l'alcool doit se faire sous les yeux des employés des contributions indirectes. Cette dénaturation a pour but de ramener d'abord l'alcool par addition d'eau, au-dessous de 14° ; puis d'y ajouter une quantité de vinaigre achevé titrant au moins 7° acétiques, quantité qui ne doit pas, d'après le règlement, être inférieure à $\dfrac{1}{10}$ du volume de la dilution.

Certains fabricants préfèrent ne pas ajouter l'alcool dans le moût en une seule fois, mais l'ajouter par parties après chaque passage dans l'essigbilder. L'alcool quoiqu'étant lui-même un produit de la levure, est un corps antiseptique ; il suffit de 15 0/0 de cette substance pour arrêter l'action des ferments momentanément, ou même définitivement en les tuant. C'est pour cela que la fermentation alcoolique se ralentit dans les moûts lorsque l'alcool commence à y devenir un peu abondant. Or, le mycoderma acéti est encore plus sensible à l'action de l'alcool que la levure. A partir de 12° alcoolique son action devient très difficile, et cesse à 14°. La résistance des vins très alcoolisés à la maladie de l'acescence en est une preuve ; c'est pour cette raison que l'on peut avec avantage diviser en trois portions l'alcool que doit contenir un moût. On ajoute une première portion avant le premier passage, une autre au second, la dernière au troisième, le quatrième et dernier passage parachève l'oxydation en acétifiant l'alcool qui y aurait échappé

précédemment. De cette façon l'action du mycoderma
ne se trouve nullement entravée par la présence de
l'alcool.

Nous verrons plus loin les indications que trouve
le vinaigrier dans la marche du thermomètre de l'appareil pour le réglage de la fabrication, les perturbations qui peuvent se produire en cours de marche, et
quelques substances qu'on ajoute fréquemment aux
moûts, pour donner de la « force au vinaigre » souvent bien inutilement d'ailleurs, ou pour remédier à
des défauts dans le fonctionnement de l'appareil.

Nous arrivons aux termes de l'étude du vieux procédé allemand. Nous en avons vu successivement
l'historique, la théorie chimique, la construction de
l'appareil et de l'atelier du vinaigrier, la préparation
des moûts alcooliques la mise en marche de l'appareil, les cas de fonctionnement anormal qui peuvent
advenir en cours de fabrication, et les moyens d'y
parer et d'y remédier, le cas de nettoyage éventuel
d'un appareil s'il est envahi par des mycodermes
étrangers ou par les anguillules, ou par les mères du
vinaigre. En un mot nous avons passé en revue tout
ce qui, techniquement peut rentrer dans le cadre
forcément restreint d'une description industrielle.
Mais on est frappé bien souvent de ce fait qu'un praticien aussi quelconque que vous voudrez le supposer, ignorant complètement les réactions et le jeu des
forces qu'il met journellement en œuvre dans son
métier, ou ayant plutôt des idées fausses sur celles-ci,
obtient fréquemment des résultats qu'un théorien ne
peut atteindre. Mettez ces deux hommes aux prises
avec les difficultés incidentes qui sont la monnaie

courante de l'industrie et vous verrez fréquemment
le premier sinon les résoudre, du moins les pallier
pratiquement plus vite que le second. Ces faits sont
connus. L'étude théorique est-elle donc inutile ? Loin
de là, mais il faut se pénétrer absolument de l'utilité
de la pratique à allier avec la théorie. Car si nous
prenons un troisième exemple, d'un homme qui a
étudié les détails scientifiques du métier qu'il aborde
et qui en même temps les a mis en pratique, nous ne
saurions lui contester une grande supériorité sur ses
deux confrères. C'est dans la conduite d'une réaction,
d'un appareil que cette supériorité s'affirmera ; or,
nous arrivons précisément pour clore notre étude sur
le procédé rapide allemand, à la partie la plus délicate la plus difficile de la pratique : le réglage de
l'appareil vinaigrier.

Le vinaigre, nous le savons, est le produit d'une
action chimique déterminée, accomplie avec une
manifestation calorique d'une certaine intensité ; la
température interne de l'essigbilder est donc logiquement intimement liée à la quantité d'alcool transformé. Aussi le thermomètre est-il un excellent indicateur pour le vinaigrier ; ses oscillations sont le reflet
direct de l'activité plus ou moins grande de l'appareil : il est pour le fabricant quelque chose comme le
pouls du patient pour le médecin.

Les ouvriers vinaigriers vous diront que le meilleur moyen pour juger de l'état de marche de leur
appareil consiste à apprécier à l'odorat l'acidité plus
ou moins grande que présente l'air qui se dégage aux
ouvertures du haut de l'essigbilder. En tâtant les
parois externes latérales, avec le dos de la main ils

complètent, en appréciant empiriquement la chaleur, les indications précédentes. Mais le bois est, comme on sait, mauvais conducteur de la chaleur, il est donc évident que la réaction chimique peut être déjà interrompue depuis longtemps à l'intérieur, ou au contraire s'être exagérée considérablement, au grand dommage du rendement en vinaigre, sans que ces modifications si importantes à connaître au plus vite se révèlent par le signe extérieur dont nous venons de parler. Cet essai est trop grossier et il faut certainement un flair spécial conféré par la grande pratique pour que les vieux ouvriers arrivent à en tirer des renseignements précieux pour la conduite de leur appareil.

Pour nous, nous sommes autorisés à les considérer comme incertains. Il est si facile et exact de se rapporter au thermomètre. Les indications sont si certaines qu'il est absolument impossible de s'en priver.

Précédemment, en décrivant l'appareil rapide allemand nous avons indiqué sur les figures la position et la place du thermomètre dans l'appareil. Une ouverture latérale munie d'un tuyau pénétrant horizontalement jusqu'au centre même de l'appareil lui sert de loge. Le thermomètre, dont l'échelle n'a pas besoin d'aller au-dessus de 58° centigrades est fixé sur une planchette pour le rendre plus maniable et moins fragile ; on introduit le tout dans l'ouverture latérale, plus ou moins profondément suivant que l'on veut juger de la température au centre, dans les parties moyennes, ou à la périphérie.

Comment maintenant interpréter les indications

du thermomètre ? L'ouvrier doit s'efforcer uniquement d'avoir une température voisine le plus possible de 30° centigrades ; c'est à cette température que l'acétification est la plus active, en même temps que pour une production donnée, la perte en alcool et vinaigre volatilisés est la plus faible. Dans les différentes parties de l'appareil la température sans être absolument uniforme ne doit pas beaucoup différer ; ce fait indiquerait une mauvaise répartition du moût, et la formation de canaux verticaux par où passerait sans subir l'action de l'air et du ferment une grande partie de ce moût.

Après l'addition du nouveau moût, quoique celui-ci soit déjà quelque peu échauffé, la température baisse toujours, il faut la relever en ouvrant aussitôt plus largement les ouvertures du tirage et d'entrée d'air du bas et du haut. Dès que par ce moyen on atteint à nouveau la température moyenne, il faut ramener au diamètre normal les ouvertures sous peine de voir le degré calorique s'exagérer et l'appareil évaporer par suite une quantité si importante d'alcool et d'acide que la perte se chiffre rapidement par un affaiblissement considérable du vinaigre obtenu. De plus, à des températures trop hautes le ferment perd vite de son activité, ce qui en prévient par cela même l'exagération. Il serait complètement faux de croire qu'à haute température la réaction soit plus productive parce qu'elle est plus intense. A haute température et sous un fort courant d'air il y a en réalité une grande activité qui se traduit par un plus fort dégagement de chaleur, mais les produits de la réaction ne sont plus seulement de l'eau et de

l'acide acétique. L'alcool est attaqué bien plus profondément et passe directement à l'état d'eau et
d'acide carbonique : il est littéralement brûlé, et
une production assez importante d'alcool disparaît
ainsi.

Au contraire si la température baisse au-dessous
d'une certaine limite dont l'extrême est $+ 20°$ centigrades, soit parce que l'air afflue en trop faible quantité
soit pour une autre cause, l'appareil se refroidit de
plus en plus et cesse bientôt totalement de travailler
ou du moins la réaction devient très lente. C'est à
ces accidents contraires qu'on s'expose en négligeant
les indications du thermomètre.

Il est évident que suivant la saison, la conduite de
l'appareil présentera des difficultés différentes : en
hiver, il faut constamment le réchauffer tandis qu'en
plein été, il y a souvent tendance à une surchauffe, le
moût et l'air ambiant n'apportant plus la même activité réfrigérante.

Il faut que le vinaigrier ait un bon appareil de
chauffage dans son atelier et que cet appareil soit
surtout régulier : c'est une qualité maîtresse. Dans
cette industrie il convient d'éviter les à coups. Malgré l'apparence le ferment acétique qui est en résumé
l'outil du fabricant au même titre que l'appareil lui-
même, est d'une nature assez délicate ; il est sujet à
des maladies, à des perturbations, il dégénère facilement par atténuation, il peut dans certaines conditions donner lieu à la formation de mère, être envahi
par les anguillules, un de ses ennemis naturels, etc.
Il est donc important de toujours le placer dans les
meilleures conditions : bon appareil approprié,

bonne température, moût de composition convenable
pour sa nutrition. Nous nous sommes déjà étendu sur
ce sujet ailleurs, il est inutile d'y revenir.

*Les inconvénients de l'essigbilder ordinaire et les nou-
veaux appareils perfectionnés. — Expériences de Knapp.*
— Les inconvénients nombreux que présente l'emploi de l'appareil allemand ou « Essigbilder » ont
conduit les fabricants à chercher des perfectionnements dans la construction de cet appareil, de là
les formes souvent très diverses de cet appareil que
nous avons précédemment décrit en détail ; ce qui
est digne d'attention, c'est que le principe reste toujours le même ; le souci du fabricant est toujours de
rendre aussi grande que possible la division du
moût et aussi intime le contact de l'air.

On doit reconnaître et nous avons déjà ailleurs
fait ressortir ce point, que, dans son principe le procédé allemand tout entier est une des adaptations de
la théorie à la pratique les mieux comprises parmi
les arts industriels. Cependant on peut se convaincre que l'appareil ne donne pas des résultats aussi
excellents qu'on pourrait le supposer, malgré les
perfectionnements auxquels on l'a soumis. C'est
ainsi par exemple, que fort souvent, on se voit
obligé de considérer comme vinaigre fini des liquides qui n'ont pas encore parcouru tout le cycle de
l'oxydation et contenant conséquemment encore de
l'alcool ; souvent, par suite soit d'une répartition
non-uniforme du moût, soit d'engorgements locaux
dans les matériaux de l'édifice poreux, la circulation
de l'air et du liquide est rendue très défectueuse ce
qui contraint à repasser des quatre ou cinq fois

comme nous l'avons décrit ; indépendamment des
retards apportés à la fabrication, de la main d'œuvre considérable que ces repassages entrainent, il
en résulte encore une évaporation 4 ou 5 fois plus
considérable, c'est-à-dire une perte d'alcool et d'a-
cide acétique, mais surtout d'alcool, qui diminue
dans une certaine proportion le rendement et la
teneur acide du vinaigre définitif. D'après l'expérience des praticiens, et Liebig l'a aussi démontré
jadis, dans les meilleures conditions possibles, la
perte ne va jamais au-dessous de 8 0/0 : on peut
même dire que c'est miracle d'obtenir un tel chiffre.
Dans les conditions défectueuses elle peut aller à 25
et même parfois 30 0/0.

Cette perte provient de ce qu'on ne peut pas dans
la pratique donner exactement la quantité d'air
nécessaire à l'oxydation, et que au contraire, on est
conduit par le dispositif à en faire passer un grand
excès. C'est précisément ce grand excès qui cause le
principal inconvénient. Pendant fort longtemps on
n'avait prêté que peu d'attention à ces influences
nuisibles. Depuis *Boerhaave*, l'inventeur de la
méthode allemande, on en avait constaté les résultats et on s'était borné à modifier tantôt la distribution de moût, tantôt les matériaux poreux, tantôt les
dimensions des cuves sans se rendre compte que la
cause d'insuccès était inhérente à la disposition de
l'appareil et au principe même de la circulation
d'air en tirage de cheminée. Enfin on en vint à
changer totalement l'appareil, en conservant le principe : c'est de là que sont sortis les dispositifs divers
que nous allons décrire. Leur création est la criti-

que matérielle de l'appareil ordinaire. Leur nombre est excessivement considérable si l'on veut y comprendre tous les brevets qui ont pris à ce sujet depuis 40 ans ; quelques-uns seulement ont eu les honneurs de l'essai industriel et d'une application pratique courante.

Revenons aux causes d'infériorité de l'essigbilder ordinaire. L'excès de circulation d'air est doublement nuisible par l'évaporation qu'il cause et par la chaleur qu'il entraîne. Il était fort intéressant de savoir quel est l'excès réel d'air circulant ordinairement, quelle quantité d'alcool et d'acide acétique s'y trouve entrainée, de savoir en outre si l'énergie de l'oxydation subissait des modifications suivant la concentration alcoolique du moût, suivant que l'oxydation est au début ou plus ou moins avancée, etc. L'empirisme et la routine vont à tâtons, instinctivement, la théorie doit chercher le remède dans l'étude des causes. F. Knapp, professeur de Technologie à Giessen a fait cette étude ; voici ses travaux et les conclusions qu'on peut en tirer.

Expériences de Knapp. — Les expériences ont porté sur trois points :

1° Recherches sur la marche de l'acétification pendant la durée du travail, en prenant comme mesure l'acidité croissante du moût.

2° Composition de l'air d'évacuation.

3° Influence du degré d'alcoolisation du moût sur la perte en alcool par évaporation.

F. Knapp expérimentait dans une fabrique allemande qui travaillait à l'ancien mode, c'est-à-dire que le moût oxydé en grande partie dans un grand essigbilder, était repassé et terminé dans de petits tonneaux appelés mères. D'après l'expérience empirique des fabricants ce serait la meilleure méthode, ce qui semblerait prouver *a priori*, que les dernières portions d'alcool résistent mieux à l'acétification que les autres. La fabrique possédait une série de 6 appareils disposés comme à l'ordinaire. Le diamètre des prises d'air était partout de 35 millimètres. L'auteur se proposant de doser les pertes par évaporation s'était mis à l'abri des causes d'erreurs par évaporation extérieure en remplaçant les seaux et cuves ouvertes, par des cuves fermées et une pompe élévatoire.

Le mélange utilisé comme moût avait la composition suivante :

Eau...................	360 litres
Alcool à 44-45° Tralles.	40 litres
Vinaigre antérieur à 3,5 0/0 d'acide.....	13 litres
Soit.....	413 litres

L'alcoomètre de Tralles diffère à peine de celui de Gay-Lussac ce qui fait donc de l'alcool à 44-45° centesimaux.

Avec ce mélange on préparait du vinaigre à 3 à 4 0/0 d'acide acétique.

La température moyenne de l'air dans l'atelier était de 26°2 centigrades; dans les mois les plus chauds on suspendait le chauffage.

1° Composition moyenne du moût acidifié.

Knapp a déterminé l'acidité du moût au moment
où il quitte après 48 heures l'*essigbilder* et la quantité d'alcool non transformée. Pour le dosage de
l'acide acétique, il s'est servi de la saturation par le
carbonate de chaux, filtration, lavage de l'excès de
carbonate, et pesée.

Sept opérations pratiquées au moment où le moût
est enlevé de l'essigbilder après deux jours pleins
d'acétification ont donné en moyenne une acidité de
2 gr. 608 pour 100, calculée en acide acétique
hydraté. Par distillation l'alcool a été ensuite séparé
et dosé. Nous n'entrons pas dans le détail de ces
opérations spéciales. Le résultat définitif fut le suivant, partant du moût dont la composition a été donnée ci-dessus :

Composition du moût après 48 heures.

Eau	96.40
Acide acétique hydraté. .	2.60
Acool.	1.00
	100.60

2° Quantité d'air en circulation pendant l'acétification
et composition de l'air évacué.

Knapp a reconnu que pour amener le moût à la
composition ci-dessus (2.60 d'acide, 1 d'alcool 0/0) il
faut théoriquement pour les 413 litres initials 20.950

litres d'air à la température de 26° C. dont 3.370 sont absorbés comme oxygène et 16.580 se dégagent comme azote. Or, expérimentalement il a constaté qu'il circulait environ 200.000 litres d'air pendant la durée de l'opération, dont 180.000 conséquemment sont en excès. Le diamètre des ouvertures étant connu, soit 35 millimètres, et leur nombre étant de 4 il s'ensuit que la vitesse moyenne de l'air doit être d'environ 22 millimètres par seconde pour le travail de 48 heures ici relaté.

N° d'ordre	Volume de la prise d'essai en centim. cub.	Oxygène en cc. contenu dans la prise d'essai	Azote dans la prise d'essai	Oxygène 0/0 dans l'air évacué
1....................	31.34	6.42	25.02	20.61
2....................	30.04	6.07	24.07	20.21
3....................	32.54	4.45	18.09	19.74
4....................	32.05	5.51	26.54	17.19
5....................	33.59	5.63	27.96	16.78
6....................	32.15	6.29	25.86	19.56
7....................	32.15	5.75	26.78	17.62
»....................	32.80	6.11	26.69	18.63
8....................	33.52	6.34	27.18	18.91
9....................	32.90	6.37	25.70	19.18
10....................	33.20	6.40	26.30	19.26
»....................	33.50	6.59	26.96	19.67
11....................	33.90	6.60	27.30	19.47
»....................	31.45	6.08	25.40	19.28
12 (épr. de contr).	27.01	5.79	21.22	19.10 21.43

En somme la quantité effective d'air mis en réaction pendant l'opération est 10 fois plus considérable que la quantité théoriquement nécessaire.

Les analyses de l'air évacué des tonneaux ont donné les résultats suivants ; 12 essais ont été faits portant chacun un numéro d'ordre ; ces 12 essais ont porté sur 6 « essigbilders » soit au début soit en cours de marche, soit vers la fin de l'acétification. Comme la température variait pour chaque prise d'essai, il en a été tenu compte et tous ont été ramenés par le calcul à 15° C.

Voir ci-dessus le tableau qu'en a dressé l'auteur.

Ces résultats numériques sont fort intéressants. Il faut y voir non seulement l'effet des conditions particulières du travail dans la fabrique, mais surtout celui de l'ensemble de l'appareil et du procédé tout entier. On peut donc en tirer des considérations générales intéressantes :

Ils montrent d'abord que dans la marche et la disposition ordinaire des appareils il n'y a que 1/10 de l'oxygène de l'air en circulation qui soit absorbé. Les 9/10 passent sans altération. D'autre part, les 12 essais précédents, ayant été prélevés à des moments très différents de la période d'oxydation, par exemple après 1 heure, après 6 heures, après 30 heures, etc. de mise en marche, et néanmoins présentant une concordance remarquable de résultats, on peut conclure que l'acétification se poursuit avec une intensité qui reste la même pendant toute la durée de l'opération, quoique la température varie de 10° C. fréquemment. Ceci semblerait indiquer que la mesure de cette température ne saurait servir d'indicateur de la marche de l'oxydation. Nous croyons absolument le contraire; le thermomètre peut donner d'excellentes indications, à condition bien entendu de ne pas amener des perturbations considérables dans la température interne par les circonstances concomitantes de l'addition de moût froid ou chaud, ou d'un chauffage extérieur irrégulier.

En résumé, 413 litres de moût avaient été mis en travail. Après 48 heures ils étaient partiellement acétifiés, ne contenant plus que 1 0/0 d'alcool. 10 k. 710 d'acide acétique y avaient pris naissance. Etant donné que 1 k. d'acide acétique nécessite 1 k. 960 d'air, ayant un volume de 1 mètre cube 600, il faut 20 mètres cubes 950 d'air pour les 10 k. 710 produit. Or, il a circulé environ 200 mètres cubes pendant l'opération, c'est-à-dire 10 fois plus. L'étendue de la perte en alcool accasionnée par cet excès énorme est facile à évaluer :

10 k. 710 d'acide acétique hydratés ont été produits sur une charge de 413 litres de moût. Ils correspondent à 8 k. 050 d'alcool absolu oxydé, soit 22 k. 650 d'alcool à 45°.

On avait ajouté au moût 40 litres d'alcool à 45°, pesant 37 k. 750 ; 22,650 ont été oxydés, 11 k. 250 existent encore dans le vinaigre inachevé ; 4 kilogrammes d'alcool à 45° ont donc disparu pendant la fabrication, soit comme vapeur d'alcool soit comme vapeur d'acide acétique ; c'est-à-dire 10 0/0 environ de la quantité d'alcool employée.

N'oublions pas que cette perte de 10 0/0 seulement est un fort beau résultat pratique, dû aux précautions spéciales dont s'est entouré Knapp ; d'ordinaire la perte est plus considérable.

L'excès d'air entraine, en même temps que de l'alcool, de la vapeur d'eau et de la chaleur. En pesant avant et après l'opération le moût mis en travail, et déduction faite de l'alcool (4 kilogs) disparu, on a trouvé que 4 kilogs d'eau également étaient disparus sous forme de vapeur.

En supposant les 185 m. cubes d'air en excès à la température de 31° C., il faudrait pour les saturer de vapeur d'eau, environ 5 kilogrammes 500, si l'on s'en rapporte aux tables hygrométriques. Comme il en a disparu 4 à 5 kilos, on voit que cet air s'échappe bien près de son point de saturation pour la vapeur d'eau sinon pour celle de l'alcool.

3° *Influence de la concentration alcoolique du moût sur la perte en alcool.*

L'expérience précédente rend raison des pertes considérables constatées de tout temps par les fabricants. Une chose intéressante était de se rendre compte si la concentration alcoolique plus ou moins grande du moût exerce une influence sur l'étendue de la perte. On saurait ainsi si le vinaigrier a avantage à traiter un moût très légèrement alcoolique, qu'il enrichirait par addition d'alcool après chaque passage, ou si au contraire il a avantage à préparer des moûts au maximum d'alcoolisation pour diluer ensuite suivant les besoins de la vente le très fort vinaigre produit.

L'auteur a institué 3 expériences avec des moûts contenant presque le double d'alcool du moût précédent. Nous n'entrerons pas dans le détail des expériences qui pourrait sembler fastidieux. Arrivons à la conclusion de l'auteur. L'addition plus considérable d'alcool ne semble pas diminuer la perte, ni augmenter sensiblement la force du vinaigre (proportionnellement) ni l'activité de l'absorption d'oxygène. L'excès d'air constaté dans ces expériences a été de même environ dix fois la quantité théorique. Il n'est donc pas plus avantageux pour le vinaigrier de faire directement du vinaigre d'un degré donné, ou de faire du vinaigre plus fort qu'il étend ensuite d'eau convenablement.

Conclusion des expériences de Knapp. — Les pertes éprouvées par les fabricants dans la méthode et par l'appareil allemand ne tiennent pas à la nature même de l'opération, mais aux conditions défectueuses de travail où l'on se place généralement. En un mot, l'alcool qui disparaît, ne disparaît pas du fait d'une réaction chimique (dans les conditions d'expérience) ni parce que le ferment en consomme une portion pour sa nutrition, comme cela a été quelquefois avancé. *Donc ces pertes ne sont pas inévitables :* premier point. *Comment peut-on les éviter :* deuxième point.

Une première considération s'impose. Plus on réduit la quantité de moût qu'on travaille à la fois, plus les essigbilders sont de petites dimensions, plus est grande également la perte de chaleur et d'alcool. Les fabriques présentent toutes cet inconvénient que le moût passe successivement par un certain nombre d'appareils, ce qui occasionne un très grand refroidissement et une très grande tendance à l'évaporation de l'alcool, le liquide se trouvant fréquemment transvasé, transporté au contact de l'air. Enfin, c'est une vérité qui se passe de commentaires et qui est connue de tous les fabricants que, au-dessous d'une certaine dimension de tonneaux la fabrication par la méthode accélérée devient impossible. C'est surtout lorsqu'on se rapproche de cette limite que l'on éprouve des déconvenues de fabrication. Il faut donc employer des appareils de grandes dimensions. Prenons un exemple : on emploie en Angleterre un tonneau très vaste, légèrement conique dont les dimensions sont :

Fond (diamètre)..........   4 m. 20
Hauteur...............   4 m. 00
Fond supérieur (diamèt).   4 m. 50

Ce tonneau a une surface externe de 54 m. 963.

Six tonneaux allemands de 2 m. 40 de haut sur 1 m. 20 ont une surface totale à peu près égale, soit 54 m. 925, mais la capacité totale de ceux-ci n'est que de 16 m. cubes tandis que le tonneau anglais contient près de 60 mètres cubes.

Il en résulte dans ce dernier une conservation si parfaite de la chaleur qu'il ne nécessite aucun chauffage extérieur, tandis que le système des six tonneaux offrant une surface rayonnante égale pour une capacité, un volant de chaleur pourrait-on dire, presque 4 fois moindre, nécessite l'intervention continuelle d'un calorifère dans l'atelier.

En ce qui concerne le remède direct à la perte

d'alcool par évaporation, trois points principaux doivent servir de base.

Il faut diminuer le volume de l'air introduit.

Il faut éviter la perte de chaleur par toutes les causes qui y concourent, évaporation, rayonnement, échauffement de l'air, transvasements répétés, appareils de capacité trop faible.

Il faut enfin trouver un procédé pour condenser et recueillir les vapeurs qui se dégagent dans l'air évacué.

Une des causes qui font que les 9/10 de l'air en circulation n'agissent pas, tient à la répartition défectueuse du moût et de l'air dans l'édifice poreux : La surface de contact est en effet souvent beaucoup moins grande qu'on ne le suppose d'après sa construction. Ceci provient de ce qu'il se forme des dépôts obstruants épais et gélatineux, qui soudent par endroits les copeaux, bouchent les trous d'écoulement et empêchent la répartition uniforme du mélange et de l'air dans toute la section. Il arrive aussi que le moût coule par intermittences, par filets espacés sur les matériaux de l'édifice poreux. Pendant ce temps l'air circule toujours dans les endroits accessibles, et souvent sans agir puisqu'il n'y rencontre pas partout et toujours du moût ainsi que cela devrait avoir lieu. On doit recommander à ce sujet l'emploi d'appareils automatiques pour la distribution uniforme et régulière du moût.

Les moyens mis en œuvre pour recueillir les vapeurs alcooliques par condensation, jusqu'à présent sont assez imparfaits et peu pratiques. On a proposé l'emploi de tubes réfrigérés, où l'air conduit au sortir des tonneaux abandonne son alcool et sa vapeur d'eau en partie. Otto, dans son ouvrage considère ce dispositif comme inefficace puisqu'il dit que la récupération ne paie pas les frais de main-d'œuvre et d'établissement. Des fabricants ont affirmé le contraire. Quoi qu'il en soit on ne peut nier que ce dispositif est mauvais dans son ensemble, et presque impraticable croyons-nous. Car, à moins de posséder un inaspirateur mécanique, nous ne voyons pas le moyen de forcer l'air qui se dégage des tonneaux à se rendre par des tubes dans un conduit principal lequel aboutit à un serpentin réfrigéré, d'où l'air serait évacué au dehors. L'air chaud circule dans l'essigbilder parce que les obstacles à sa marche sont légers, mais son mouvement ascensif procède du même principe que le tirage d'une cheminée ; dès qu'il faudra le forcer à traverser un réseau compliqué de tubes, même larges, de conduits et de serpentins, la circulation s'arrêtera. Ce procédé nous paraît contraire au bon sens.

Certes la solution n'est pas facile dans cette voie. Nous croyons pourtant qu'elle a été admirablement réalisée dans un appareil employé en Angleterre, dont la description a été donnée par F. Knapp.

d **Méthode et appareil anglais**

Le principe de l'appareil anglais est le même que celui de l'essigbilder : un tonneau ou cuve, rempli de copeaux de hêtre, circulation de moût et d'air. Mais le dispositif est fort différent.

La cuve n'est autre chose que celle dont nous avons cité les dimensions un peu plus haut : 4 mètres de hauteur, 4 m. 20 de diamètre à la base, 4 m. 50 de diamètre au sommet. Elle est donc légèrement tronc-conique. Sa capacité est de 59 mètres cubes. Nous avons fait ressortir les avantages qu'elle présente au point de vue de la conservation de la chaleur, avantages tels qu'elle ne nécessite aucun chauffage extérieur.

Cette cuve cylindrique légèrement conique est séparée en deux parties par un faux fond percé de trous, placé à 60 centimètres de la base. La partie supérieure renferme des copeaux de hêtre disposés comme à l'habitude. La partie inférieure sert de réservoir pour le moût qui coule de l'édifice poreux.

Deux choses maintenant différencient cet appareil de l'essigbilder : la distribution uniforme du moût, la circulation d'air qui se fait de haut en bas comme celle du moût.

Distribution du moût. — Le moût est placé dans un réservoir fermé, à une certaine hauteur au-dessus de la cuve. Un conduit commandé par un robinet descend perpendiculairement sur la cuve, y pénètre par une ouverture centrale et aboutit à un distributeur automatique constitué par deux branches de tubes en croix percées de trous sur toute la longueur. Ce système, du diamètre de la cuve, forme tourniquet, et, tournant avec une certaine lenteur, répartit d'une manière parfaitement uniforme le moût à la surface des copeaux, à l'état d'une multitude de filets très divisés.

Le moût coule dans l'édifice poreux, se rassemble au bas de la cuve et y est repris par une pompe qui le remonte dans un second réservoir latéral au premier d'où on le fera couler à nouveau s'il est besoin d'un second passage, d'un troisième ou d'un quatrième.

Circulation de l'air. — C'est surtout dans la circulation de l'air que se révèle la supériorité de l'appareil et la conception intelligente de son inventeur. Le renouvellement ne s'opère pas de bas en haut par la force ascensive de l'air chaud, mais de haut en bas. L'air pénètre par des ouvertures pratiquées au sommet de la cuve étanche partout ailleurs, puis il suit le même chemin que le moût. Mais pour cela il est sollicité par une force. Cette force n'est autre chose que la succion opérée par une machine pneumatique rudimentaire, construite pour l'usage industriel. L'appareil d'aspiration consiste principalement en deux grandes cloches renversées sur d'immenses cuves à eau, très comparables aux cloches des usines à gaz d'éclairage. Mues par une petite machine à vapeur, qui pourvoit aussi au tourniquet distributeur, ces deux cloches sont alternativement élevées et abaissées sur l'eau. En montant l'air est aspiré, en baissant il est expulsé. Le conduit d'aspiration qui relie les deux cloches à la cuve débouche au bas de celle-ci juste au centre. Son orifice est protégé contre le vinaigre qui pourrait y tomber par un disque de bois de 1 m. 20 à 1 m. 50 de diamètre qui le surmonte, parallèlement au fond, à quelques centimè-

tres et qui a aussi pour effet de régulariser la succion
de façon qu'elle ne s'exerce pas seulement au centre
mais aussi dans toute la section du tonneau.

Les deux cloches sont munies d'un jeu de tuyaux
et de soupapes tels que l'air aspiré et refoulé alternativement barbotte dans l'eau des cuves et y abandonne par condensation les vapeurs d'alcool qu'il a
pu entraîner ; on peut aussi refouler l'air à travers
un réfrigérant.

Avantages de l'appareil. — Les avantages énormes
de cet appareil sont visibles :

La chaleur produite par la réaction est très bien
conservée, tellement que le chauffage extérieur est
inutile.

La répartition du moût est plus uniforme grâce au
mode de distribution adoptée.

La circulation de l'air est réglée à volonté sur l'intensité de l'oxydation. On s'assure de la marche de
l'acétification non plus seulement à l'aide du thermomètre mais en essayant l'air aspiré dans les cloches. On fait des prises d'essai sur le conduit d'aspiration et on introduit dans l'air une mèche de fil
qui ne doit pas brûler si la désoxygénation est suffisante, c'est-à-dire si l'air ne circule pas trop rapidement. D'après le résultat de cet essai pratiqué de
temps à autre, on augmente ou diminue la vitesse
des cloches.

Un autre avantage de la circulation descendante
de l'air c'est qu'on est certain que le gaz oxydant
pénètre dans tous les interstices, étant sollicité vers
le bas par une force égale dans toute la section. Au
contraire dans la circulation ascendante, l'air se

glisse dans certains interstices plus larges, il se forme
des cheminées d'appel où l'action est très intense,
mais où la circulation est aussi beaucoup exagérée
au détriment d'autres endroits plus serrés. C'est
absolument ce qui a lieu dans le procédé industriel
de Hargreaves pour la préparation du sulfate de
soude par le sel marin et l'acide sulfureux. Tant
qu'on fit circuler l'acide sulfureux de bas en haut on
n'obtint que de mauvais résultats pour la même
raison, et ce n'est qu'en renversant dans le sens du
courant gazeux qu'on obtint les excellents résultats
que donne cet élégant procédé.

Il nous reste à parler du rendement de cet appareil : il est excellent. La perte d'alcool y est très faible
par la raison que le volume d'air en circulation est 8
ou 9 fois plus faible que dans le procédé ordinaire et
surtout parce que le dispositif adopté permet de le
récupérer avec la plus grande facilité soit dans l'eau
des cuves où le gaz barbotte, soit par condensation
dans un serpentin.

Cet appareil fournit ordinairement du vinaigre à
5.5 0/0 d'acide acétique qui est celui de consommation courante en Angleterre. Il exige une dépense de
force motrice et par conséquent de charbon ; ce qui
n'est pas un obstacle en Angleterre où il suffit de
creuser pourrait-on dire pour trouver du combustible,
peut occasionner quelques inconvénients en France.
Nous croyons cependant qu'en faisant une adapta-
tion, les grands industriels du continent pourraient
en recueillir d'excellents résultats.

Procédé Barbe.

Le procédé imaginé par M. Barbe repose sur le même principe que le procédé allemand ; il est assez récent et depuis 1889 qu'il est créé, il a donné d'excellents résultats aux différents industriels qui l'exploitent.

Ce procédé est surtout caractérisé par une manœuvre des appareils complètement automatique qui donne à la fabrication une très grande régularité.

Les cuves (fig. 15), disposées en longues lignes parallèles ont 2 m. 25 de hauteur, 1 m. 15 de diamètre à la base et 0 m. 85 de diamètre à la partie supérieure. Leur capacité est d'environ 15 hectolitres ; elles renferment environ 260 kilogrammes de copeaux de hêtre enroulés en spirale, et dont la surface développée est de plus de 34 mètres carrés.

L'air arrive par la partie inférieure au moyen de boites perforées, disposées en croix et recevant l'air par une ouverture unique munie de douilles concentriques qui permettent de diminuer et d'augmenter l'arrivée de l'air suivant les besoins de la fabrication.

A la partie supérieure de l'appareil et sur un même plan horizontal se trouve au-dessus de chaque cuve un flacon d'un litre environ de capacité. Ce flacon communique par son goulot avec un système de canalisation qui grâce à un clapet spécial peut rester en communication soit avec l'air extérieur, soit avec un réservoir à air comprimé. Ce clapet se compose essentiellement d'un tube vertical, renflé au milieu de sa hauteur. Dans ce renflement se trouve une balle

de liège d'un diamètre un peu supérieur à celui du
tube. Cette balle de liège est soutenue par des griffes

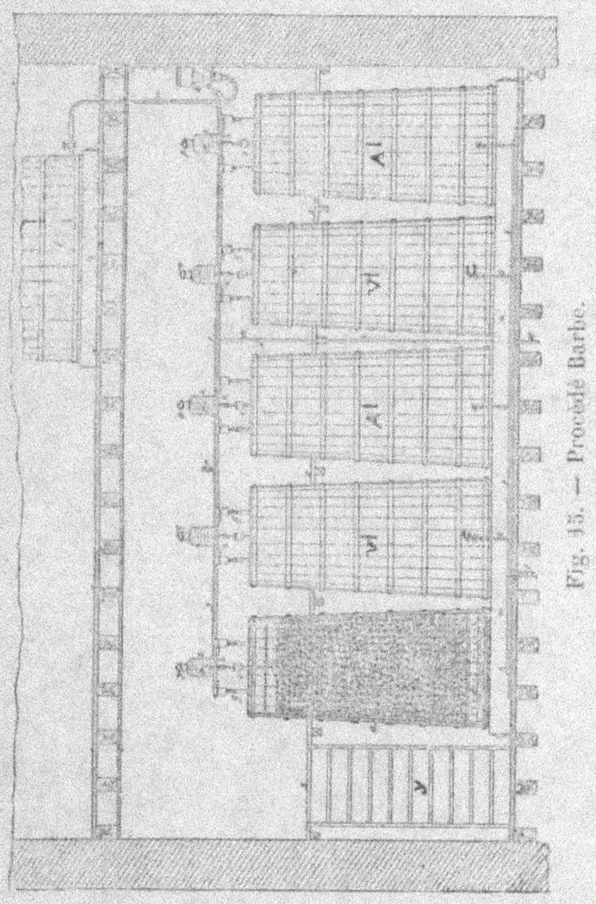

Fig. 45. — Procédé Barbe.

entre lesquelles l'air passe librement tant que la canalisation doit rester en communication avec l'atmosphère; si l'on fait arriver l'air comprimé la balle de

liège est projetée et ferme la partie supérieure du tube et intercepte toute communication avec l'air extérieur.

Le fond du flacon supérieur est percé de deux ouvertures, par l'une desquelles arrive le liquide à acétifier provenant d'un réservoir supérieur ; dans l'autre ouverture passe la grande branche d'un siphon dont l'autre extrémité est mise en relation avec la partie supérieure de la cuve au moyen d'un tourniquet hydraulique ; la hauteur de ce siphon dans le flacon se trouve à quelques centimètres en dessus du niveau maximum que peut atteindre le liquide. Ce niveau est du reste maintenu constant par un robinet flotteur.

La marche du travail est la suivante : Le liquide à acétifier venant de la cuve supérieure arrive par la canalisation spéciale dans les flacons supérieurs et atteint dans un temps plus ou moins long (dix minutes environ) son niveau maximum. Pendant ce temps l'appareil est toujours en communication avec l'air extérieur. Or, toutes les quinze ou dix-huit minutes, le flacon est mis automatiquement en communication avec le réservoir à air comprimé et cela au moyen d'une balance hydrostatique dont nous verrons le fonctionnement plus loin. L'arrivée de cet air comprimé a pour but de produire une pression sur la surface du liquide et par suite d'amorcer le siphon. Le liquide s'écoule ainsi dans le tourniquet hydraulique inférieur qui le répartit également à la surface des copeaux de hêtre renfermés dans la cuve.

Ces copeaux qui sont recouverts du mycoderma acéti produisent la transformation du liquide en

vinaigre et la durée de l'opération est calculée de
telle manière que la transformation soit complète
lorsque le liquide arrive à la partie inférieure de la

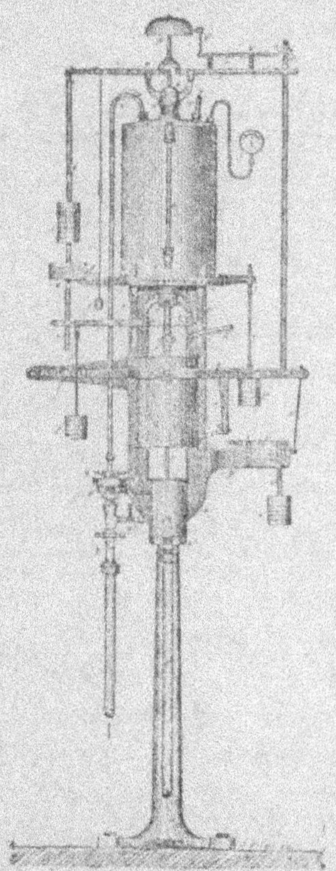

Fig. 16. — Appareil hydrostatique.

cuve. On évacue le vinaigre produit au moyen d'un
tuyau de décharge et on le conduit dans des foudres
où il se refroidit et se clarifie pour être ensuite livré
à la consommation.

L'appareil hydrostatique que nous avons mentionné plus haut constitue l'organe essentiel de ce
procédé. Voici d'après l'auteur lui-même la description de cet appareil (fig. 16).

Il se compose d'un réservoir en cuivre a muni
d'un indicateur de niveau d'eau b et d'un manomètre c. A la partie supérieure, il porte un clapet à
soupape d s'ouvrant de haut en bas sous l'action d'un
levier e, articulé au point e^1, agissant sur la tige f
dudit clapet, lequel porte une tubulure postérieure $æ$
perpendiculaire à son axe vertical qui est en commucation directe avec la canalisation d'air de la vinaigrerie. Sur le levier e est fixé un timbre de sonnerie
g sur lequel vient frapper un marteau g' monté à
l'extrémité d'un lévier h articulé au point h^1. A la
partie inférieure du réservoir a est adapté un clapet
à soupape d^1, semblable au précédent, mais s'ouvrant de bas en haut, lequel est actionné par un levier e^2 articulé en e^3, agissant sur la tige du clapet,
qui se termine par un robinet f^1. Le levier supérieur
commande à l'aide d'une tige verticale i et d'une
goupille i^1 le levier du clapet inférieur. La tige i
porte un contrepoids de rappel j; un contrepoids j^1
est également fixé au levier e^2 par une tige j^2. Le
compteur k fixé à la table de la machine est actionné
à l'aide d'un levier k^1 par un fil de métal k^2 tourné
au milieu sur une faible longueur en ressort à boudin; ce fil, qui est fixé au levier e, tire, lors de chaque mouvement, le levier du compteur et fait marquer celui-ci d'une unité; un petit contrepoids r sert
à le rappeler.

La machine est montée sur un pied en fonte m fixé

au sol par des vis ; il est muni d'une table n consolidée par deux consoles n^1 sur laquelle est fixé le réservoir a par des pattes o ; ce pied est d'une seule venue de fonte avec deux grands bras p, p^1 et deux petits bras p^2 p^3 ; à l'extrémité du grand bras p est articulé un levier q venu de fonte avec un collier r et une tige verticale r^1 munie d'un cliquet r^2. Dans le collier r, est suspendu par deux tourillons diamétralement opposés un vase en cuivre s portant au centre un siphon à cloche s^1 muni d'un tube désamorceur s^2. Ce levier est suspendu par son autre extrémité à une petite chaine t passant dans la gorge d'une poulie t^1 et portant à l'autre bout un contrepoids de rappel t^2. A ce levier est articulée une tige verticale u coulissant dans le levier e et portant à sa partie supérieure un cliquet u^1 et une goupille transversale u^2 ; un fil métallique v muni d'un anneau sert d'arrètoir au levier q et limite sa course ascendante.

Sur le bras p^1 est fixé une platine portant, articulé au point x, un petit levier compensateur x^1 muni d'une tige x^2 et d'un contrepoids x^3.

Le bras p^2 sert à supporter un vase en cuivre x^4, muni d'un tuyau de décharge x^5 ; ce vase reçoit l'eau de la balance et celle de purge du côté de l'admission.

Sur le petit bras p^2 est adapté le système d'alimentation de l'eau, qui comprend une douille, à l'intérieur de laquelle est pressé entre deux rondelles de caoutchouc un disque en porcelaine percé au centre d'un petit trou dont le débit doit correspondre à la marche de la machine ; ce disque peut se changer à volonté en dévissant un écrou à oreilles y. Un robi net y^1 laisse entrer l'eau dans l'appareil qui est conduite par un tuyau y^2 dans le réservoir a ; un second robinet y^3 sert à purger le système d'admission au moyen de la pression intérieure du réservoir et en fermant le robinet y^1.

Enfin, un tube plongeur z dont l'extrémité inférieure arrive jusqu'à un centimètre du fond intérieur du réservoir est en relation avec un tuyau z^1 qui forme une boucle dont le sommet arrive jusqu'à un mètre environ au-dessous du niveau de l'eau d'un baquet à flotteur placé à une hauteur conventielle et revient à la machine où son autre extrémité se recourbe dans le vase s de la balance hydrostatique.

Fonctionnement. — Un réservoir à flotteur étant placé à une hauteur déterminée, mais variable en raison de la pression à obtenir, reçoit constamment de l'eau qui est ensuite amenée à la machine par un tuyau et le robinet y^1, de là elle est conduite dans le réservoir a par le tuyau y^2, après avoir traversé un disque percé d'un trou dont le débit est calculé. Le réservoir a étant fermé de toutes parts et rempli d'air, l'eau y comprime cet air au fur et à mesure de son arrivée, mais sous l'effet de la pression, de l'eau pénètre par le plongeur z dans le tuyau z^1 et le suit pour aller reprendre son niveau, et comme ce tuyau arrive à un mètre au-dessous du niveau de l'eau dans le flotteur, l'équilibre ne pouvant jamais être atteint, elle va se déverser dans le vase de la balance par l'extrémité du tuyau z^1. Lorsqu'une certaine quantité d'eau y a été admise, le levier q s'abaisse jusqu'au bec du levier compensateur x^1, ou il a été arrêté par le cliquet r^2. Dans ce mouvement, il entraîne d'une certaine quantité le contrepoids t^2 et la tige u portant un cliquet u^1 qui fait basculer le levier h du timbre avertisseur.

L'eau continuant à arriver dans le vase s, lorsque celui-ci est rempli, le déclanchement se produit : le cliquet r^1 quitte alors le levier x^1 qui décrit un arc de cercle, et dans ce mouvement, le levier q entraîne la tige u qui, par sa goupille u^3 fait abaisser le levier e du clapet à air d et l'air comprimé est aussitôt lancé violemment par la tubulure $œ$ et le tuyau $œ^1$ dans la canalisation d'air de la vinaigrerie, où il fait amorcer tous les siphons des flacons ; le mouvement se continuant, le levier e^2 du clapet inférieur d^1 est tiré par la goupille i^1 de la tige i et laisse échapper dans le vase s l'eau qui a agi et va ensuite se perdre en passant par le siphon s. Lorsque toute l'eau s'est écoulée par le siphon s^1, la balance revient à sa position normale, entraînée par les contrepoids t^2, j et j^1 ; les deux clapets s'étant refermés, une nouvelle compression s'opère et ainsi de suite, par intermittence.

Ainsi comprise et exécutée la fabrication du vinaigre devient une opération méthodique et régulière. Ce mode préparatoire possède entre autres avantages celui d'être peu dispendieux, d'exiger un personnel restreint puisqu'il ne s'agit que de surveiller les appareils ; de plus la perte par évaporation est réduite à son minimum ce qui permet d'obtenir un rendement plus avantageux.

Du reste, pour juger de la valeur du procédé de M. Barbe, il suffit de faire remarquer que breveté en 1888, il fut de suite installé dans différentes régions, Lyon, Brest, Toul, Clermont-Ferrand, Bordeaux, Valence, etc. donnant déjà en 1892 un chiffre total de 514 cuves en fonctionnement et produisant journellement 200 hectolitres de vinaigre de table ; ce chiffre est actuellement de plus de 2.000 cuves et constitue le meilleur garant de la supériorité de ce procédé.

e. Méthodes nouvelles

Appareils rotatifs. — Dans tous les procédés que nous avons examinés jusqu'ici nous avons eu affaire en principe à des cuves fixes et un liquide mobile. Il existe une autre classe d'appareils, dont l'invention remonte assez loin puisque, en Hollande, on les a employés de tout temps, appareils qui sont mobiles tandis que le liquide est fixe. Leur étude est d'une très grande importance car ils ont été l'objet des perfectionnements les plus complets depuis une cinquantaine d'années et ils jouissent actuellement d'une grande faveur auprès des fabricants français.

Nous ferons connaissance avec le principe de cette méthode en retraçant rapidement le procédé qui était suivi autrefois dans les Flandres et connu sous le nom de méthode du Nord. On prenait des tonneaux très allongés, en forme de navette, d'une contenance ne dépassant pas 100 litres, nommés *flutes* à cause de leur forme. Ces flutes étaient disposées chacune sur deux poutres parallèles (chantiers) réunies par de fortes traverses et creusées vers le centre de façon à former un arc de cercle, d'une longueur de 2 m. 60 à 3 m.

Ces flutes étaient à moitié remplies de copeaux de hêtre et contenaient une cinquantaine de litres de liquide à acétifier, généralement de la bière. Une fois bien bouchées, on tirait la barrique à soi, de manière à la porter à l'une des extrémités des chantiers, puis on la lâchait en la poussant, en sorte qu'elle roulât plusieurs fois d'une extrémité à l'autre et qu'elle finît par se fixer, après une violente agitation, à l'endroit le plus creux des chantiers. On la répandait plusieurs fois de suite et on répétait cette opération tous les 6 ou 8 heures, cela pendant 5 ou 6 jours, en ayant soin d'aérer l'intérieur par insufflation d'air, de temps à autre. Dans son « Art du Vinaigrier » (1), Demachy pense que le mouvement seul suffit pour convertir dans ces appareils le liquide alcoolique en vinaigre. Cette opinion ne peut se soutenir aujourd'hui. On conçoit pourtant qu'il favorise singulièrement l'oxydation en renouvelant les surfaces à des intervalles fréquents, à tel point qu'on en a reconnu les avantages incontestables et que dès 1855 Lacambre, perfectionnant l'appareil tout en conservant le principe, préconisait le dispositif suivant :

(1) Page 15.

1ᵉʳ Acétificateur rotatif de Lacambre (1859)

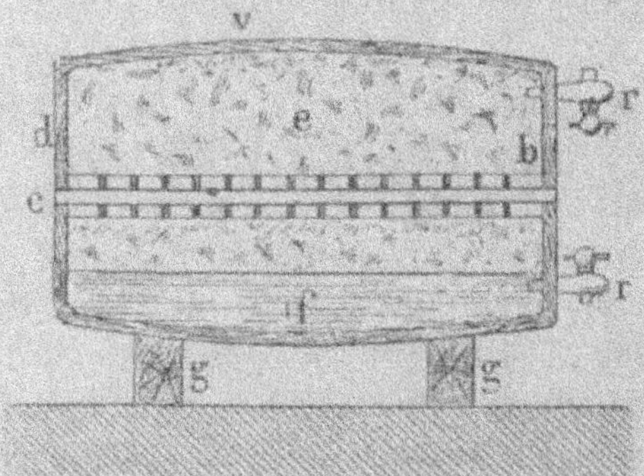

Fig. 17. — COUPE LONGITUDINALE

v. Tonneau de bois. — b. Fond antérieur du tonneau pouvant s'enlever. — c. Tube central en bois, percé de trous latéraux pour l'accès de l'air. — d. Fond postérieur du tonneau. — e. Copeaux de hêtre. — f. Liquide en acétification. — g. Chantiers en bois sur lesquels roule le tonneau. — r. r. Robinets de vidange.

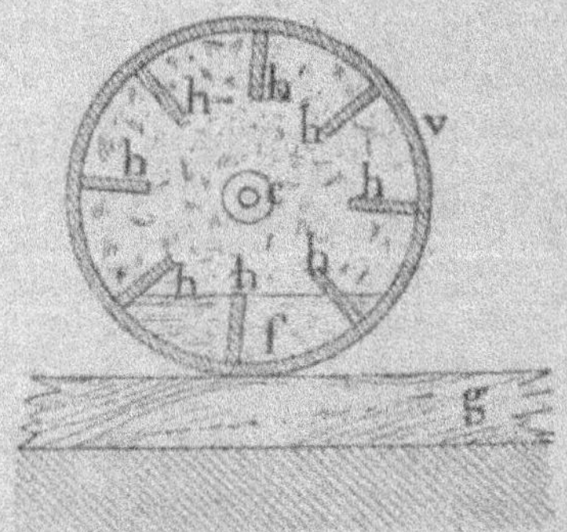

Fig. 18. — SECTION

h. Palettes de bois remontant le liquide pendant la rotation. — e. Copeaux de hêtre. — c. Tube central pour l'aération. — f. Liquide en acétification. — g. L'un des chantiers.

L'acétificateur rotatif de Lacambre (fig. 17 et 18) est constitué par un fort tonneau de chêne cerclé de fer au centre duquel se trouve un conduit à air percé de nombreux trous qui permettent l'accès de l'oxygène au centre de l'appareil.

Sur les parois intérieures du tonneau, et dans le sens de l'axe sont fixées des palettes de bois, qui par un mécanisme facile à comprendre, élèvent le liquide lorsque le tonneau tourne. Toute la cavité du tonneau se trouve remplie de copeaux de hêtre, non tassés, qui se trouvent arrosés continuellement par le liquide que déversent les palettes de la périphérie. Le tonneau est disposé sur deux chantiers en chêne sur lesquels il peut décrire une certaine course en avant et en arrière. Des cannelles de soutirage complètent l'appareil, ainsi que des orifices pour l'introduction du liquide alcoolique.

Pour mettre en travail un appareil neuf, on prend les mêmes précautions que nous avons déjà décrites pour l'essigbilder allemand ; c'est-à-dire qu'on acidifie le tonneau neuf et les copeaux par du vinaigre fait antérieurement, de façon à extraire les principes colorants et l'amertume du bois, et en même temps à ensemencer les copeaux de mycoderma acéti. Puis on introduit le liquide, c'est-à-dire un mélange convenable de vinaigre antérieur et d'alcool faible, ou de vin, ou encore de bière. La quantité de liquide doit être telle que la hauteur ne dépasse pas beaucoup la hauteur des deux palettes inférieures. On met alors le fût en mouvement pour humecter complètement les copeaux, puis toutes les deux heures, on lui fait faire d'un seul coup un tour entier, ce qui non seulement maintient les copeaux toujours humides, mais encore remplace le vinaigre dont ils sont humectés au bout de ce temps par du moût qui ne demande qu'à s'oxyder. On comprend facilement que sous la surface énorme d'action des copeaux, et en présence du petit volume de liquide qui reste fixé dans ces copeaux, l'action de l'air soit très énergique. Tellement énergique, qu'au bout de quarante à quarante-huit heures, on peut soutirer une partie, le tiers ou le quart du liquide et le remplacer par du moût. Désormais, on soutire ainsi toutes les quarante-huit heures, le tiers ou le quart du volume total, sous forme de vinaigre achevé.

On doit veiller à la bonne circulation de l'air dans les tonneaux, ni trop lente ni trop active. Ceux-ci sont placés dans un atelier où la température doit être maintenue aussi voisine que possible de 30-32°.

Le principe de cet appareil est parfait ; mais dans la pratique la disposition centrale de l'arrivée d'air a été une cause fondamentale d'échec, parce que la circulation ne se faisait pas normalement. L'azote s'accumulait dans les copeaux et on arrivait fréquemment à des fermentations putrides du vinaigre formé. Aussi cet appareil n'a guère eu d'application. Mais il a servi de premier modèle à l'appareil de la méthode luxembourgeoise, ou appareil Michaëlis que ce dernier a fait breveter en 1878. Le voici (fig. 19 et 20) :

L'appareil est encore un fût de chêne cerclé et très épais. Sa contenance est de 600 litres. Le liquide y est fixe, tandis que les copeaux sont mobiles.

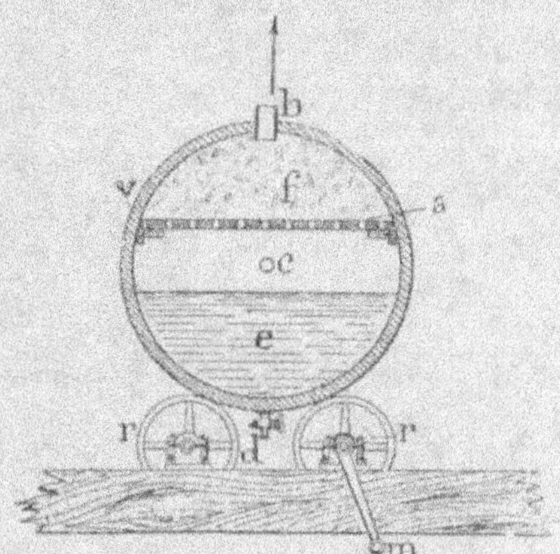

Fig. 19. — SECTION

v. Tonneau de bois. — a. Cloison horizontale percée de
trous. — b. Tuyau d'échappement de l'air. — c. Trou central pour l'arrivée de l'air. — d. Cannelle de soutirage. —
e. Liquide. — f. Copeaux de hêtre. — r. r. Système de
roues à engrenage commandant la rotation du tonneau. —
m. Manivelle.

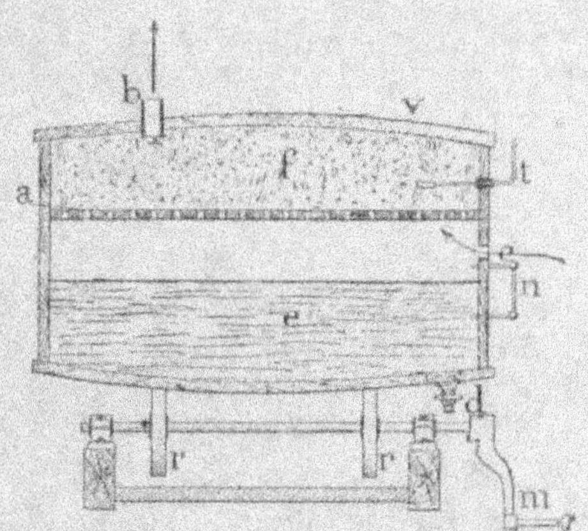

Fig. 20. — COUPE LONGITUDINALE

a. Cloison horizontale percée de trous. — b. Sortie de
l'air. — d. Cannelle de soutirage. — f. Copeaux de hêtre.
— r. r. Roues. — m. Manivelle. — t. Thermomètre coudé.
— n. Niveau en verre. — c. Entrée de l'air.

11

Une cloison intérieure en bois, percée d'un grand nombre de trous, divise le tonneau en deux compartiments inégaux, l'inférieur étant le plus vaste. Le compartiment supérieur est rempli de copeaux de hêtre moyennement tassés. Au-dessous se trouve, dans le fond du tonneau, le liquide à acétifier. La circulation d'air est assurée par deux orifices : un d'entrée situé sur le fond latéral, dans l'axe même du fût, un de sortie placé à la partie supérieure. L'air suit le trajet indiqué par les flèches sur la figure. Un robinet de vidange permet de soutirer le liquide. L'appareil est complété en outre par un tube à niveau extérieur et par un thermomètre.

L'appareil tout entier est disposé sur une monture de galets double, que l'on manœuvre au moyen d'une manivelle. On peut par cette manivelle, communiquer à tout le système un mouvement de rotation sur lui-même.

La mise en marche de l'appareil se fait de la façon suivante : on acidifie complètement l'appareil neuf et les copeaux au moyen de vinaigre antérieur, puis on charge le tonneau avec 275 litres de moût, on ferme le tube d'évent et on fait faire un tour complet au fût. Il s'ensuit que les copeaux traversent le liquide, s'y humectent et regagnent la partie supérieure. On débouche les orifices d'aération et on établit le courant d'air. On reconnaît que l'appareil est en bon fonctionnement lorsque la flamme d'une bougie est attirée dans l'orifice inférieur et qu'elle s'éteint à l'orifice supérieur par suite de la désoxygénation complète de l'air. Toutes les trois heures on fait faire à l'appareil une révolution complète, cela pendant 15 jours, durée au bout de laquelle l'acétification du moût introduit est complète. On soutire alors, et on recommence une nouvelle opération, exactement semblable.

Cet appareil donne d'excellents résultats : il fournit un rendement plus élevé qu'aucun autre, malheureusement on a constaté la perte des éthers aromatiques et même d'un peu d'acide acétique, qui sont soit brûlés, soit volatilisés.

Cet appareil possède, par contre, l'avantage d'être peu coûteux d'installation et de fonctionner d'une manière très régulière. On peut y traiter soit des moûts d'alcool, soit du vin, toujours avec succès.

Un perfectionnement a rendu cet appareil absolument pratique et recommandable. Il a été introduit par MM. Agobet et Cⁱᵉ, qui ont remplacé l'orifice d'évacuation de l'air par un tube-siphon, lequel remplit le double but de condenser à reflux les vapeurs acétiques et de les récupérer, et d'éviter l'obligation de boucher cet orifice à chaque révolution de l'appareil.

Méthode Agobet et Cⁱᵉ. — Procédé d'Orléans rapide.

Le système de MM. Agobet et Cⁱᵉ n'est autre chose qu'une modification du système Michaëlis, qui rend ce dernier tout à fait pratique. Le trou d'air supérieur est supprimé et la circulation de l'air est due à la contraction produite par la transformation de l'alcool en acide acétique.

Les vaisseaux Agobet sont constitués par des tonneaux de chêne très solidement construits d'une capacité de 600 litres environ. Les deux fonds sont
percés d'un trou central de 4 centimètres de diamètre, reliés entre eux par un conduit ajouré en

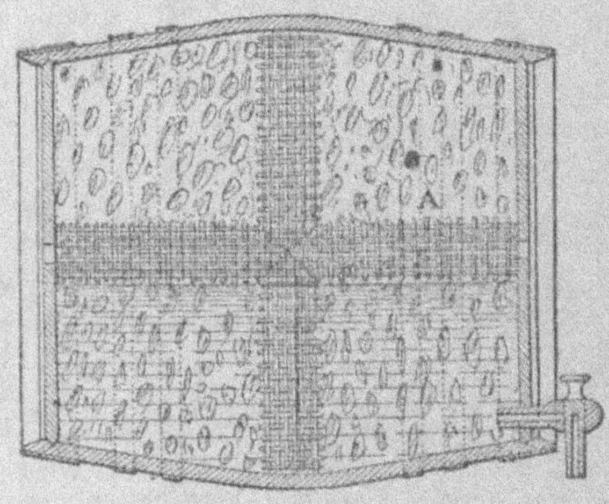

Fig. 21.

vannerie d'un diamètre de 12 centimètres. Ce conduit
formant axe porte en son milieu deux autres conduits également en osier, formant rayons et ayant
toute la hauteur du tonneau. Un de ces conduits est
donc disposé suivant l'axe, les deux autres suivant le
grand diamètre du tonneau.

Le tonneau repose sur deux rangées de galets. Les
uns a (fig. 21, 22 et 23) sont placés en arrière ; ils sont
fous sur leur arbre et portent ou sur un cercle de
roulement, ou simplement sur le bois. Les autres b,
qui sont plus petits, roulent dans une gorge j, mé

nagée dans une couronne dentée *f*, fixée sur le tonneau à l'aide de coins *g*. Les supports de ces galets
sont fixés sur une charpente *t*. Une vis sans fin *q*, en
prise avec la couronne dentée *f*, sert à faire tourner
le tonneau. Un seul et même arbre *s* porte les vis *q*
de toute une rangée de tonneaux.

Toute la capacité du tonneau est remplie de copeaux de hêtre, sauf l'espace réservé par les conduits d'osier, qui sont précisément destinés à assurer
la libre circulation de l'air dans l'intérieur du vais-
seau.

Le tube P forme siphon avec la cannelle et sert à
retirer le liquide quand l'acétification est terminée.

Sur le fond de devant se trouve adaptés, au-dessus
du trou : 1° un thermomètre coudé indiquant la
chaleur intérieure de l'appareil ; 2° un tube siphon
en verre *k*, communiquant avec le liquide par le petit
tube *k'*, servant de tube de niveau et d'évent pour le
passage de l'air désoxygéné, avec retour des vapeurs
condensées.

Dans une fabrication importante, on place les tonneaux sur un bâti en bois et au moyen d'un arbre
de transmission qui commande toutes les roues den-
tées, on manœuvre du même coup tous les vaisseaux
(fig. 24).

Voici comment se conduit l'opération :

On commence par acidifier les copeaux et à ensemencer les ferments avec 150 litres de bon vinaigre
à 8° que l'on retire au bout de quelque temps lorsque son action est épuisée. On remplit alors l'appareil avec une liqueur alcoolique à 8° dont on amène
le niveau jusqu'à 2 centimètres au-dessous du trou

d'air central. On fait faire une révolution entière au vase, puis un nouveau tour toutes les deux heures, pendant la première journée ; le niveau du liquide est rétabli à l'aide de liqueur alcoolique et la température de la pièce amenée à 30°C.

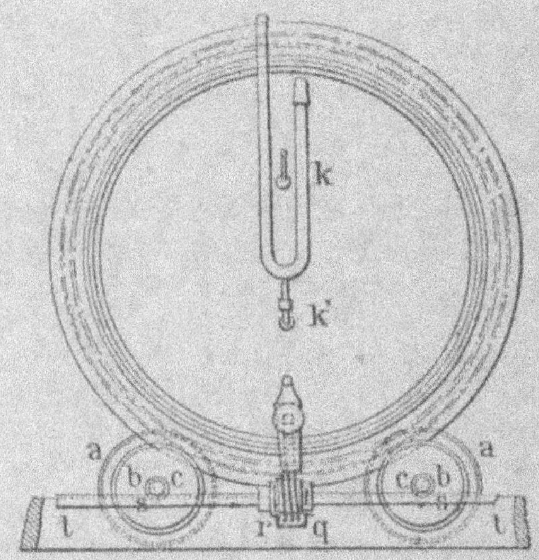

Fig. 22.

A partir de ce moment, on fait faire au fût une révolution complète, matin et soir, jusqu'à ce que le thermomètre marque 25° : à ce point, on fait trois révolutions et on abaisse la température ambiante à 25° :

Première révolution à 6 heures du matin.
Deuxième révolution à midi.
Troisième révolution à 6 heures du soir.

Lorsque le thermomètre marque 28°, on fait rouler six fois :

Première révolution à 6 heures du matin.
Deuxième révolution à 9 heures du matin.
Troisième révolution à midi.
Quatrième révolution à 3 heures du soir.
Cinquième révolution à 6 heures du soir.
Sixième révolution à 9 heures du soir,

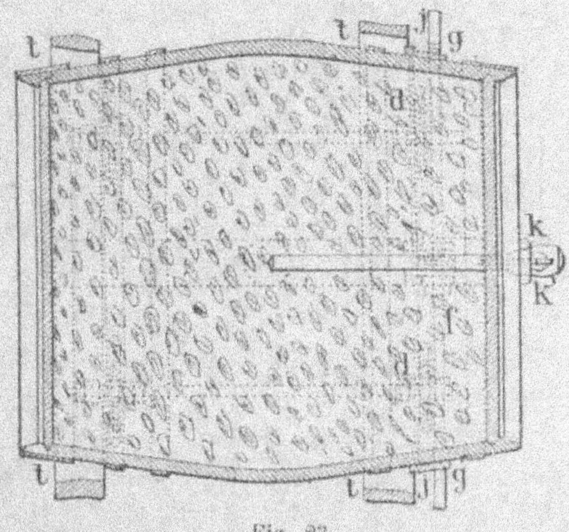

Fig. 23.

en maintenant la température extérieure à **20-22°** jusqu'à la fin de l'acétification. Celle-ci est complète lorsque toute trace d'alcool a disparu, ce que l'on constate quand le vinaigre marque autant de degrés acétique que le mélange primitif marquait de degrés alcooliques.

On soutire alors tout le vinaigre et on le remplace
par de nouvelle liqueur alcoolique.

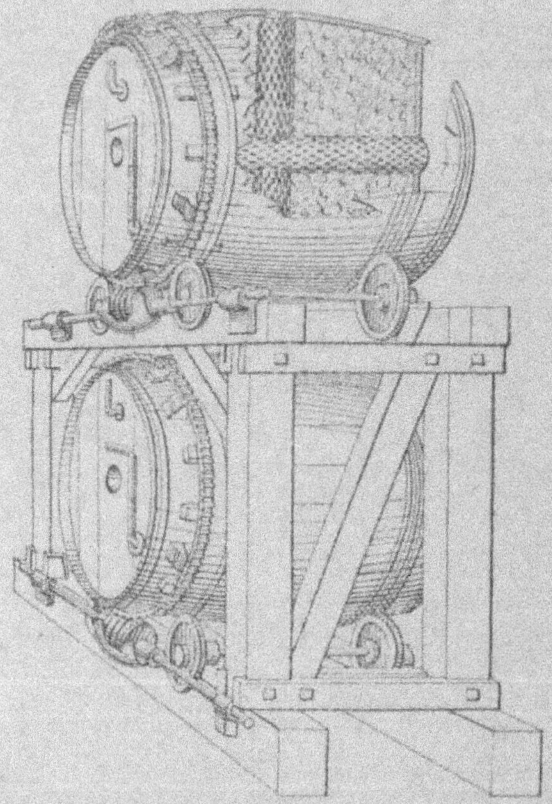

Fig. 24.

La période d'acétification est de 10 jours environ.
Les avantages de cet appareil résident surtout dans
sa rapidité, son haut rendement et sa régularité ; il
se prête fort bien à une production industrielle et la
surveillance y est faible.

Par contre, la rapidité de l'oxydation n'est pas très propice à la formation de ces produits aromatiques qui donnent au vinaigre d'Orléans toute sa saveur et le rendent si agréable.

Procédé Brissaud.

Ce procédé, qui peut être considéré comme une variété du procédé Agobet, utilise également la méthode dite « Orléans rapide » au moyen d'un acétificateur tournant : l'acétificateur Ménier.

Cet appareil, dont la contenance est de 120 hectolitres, est constitué par un tonneau en chêne, mobile autour d'un axe supporté par un bâti portant l'appareil mécanique nécessaire à la rotation. L'aération se fait au moyen d'un tube central qui traverse l'appareil d'un centre de fond à l'autre.

Les autres parties de l'appareil sont constituées par un tube de niveau, un thermomètre, un robinet pour prise du liquide d'essai et un robinet de vidange.

La technique de l'opération est la même que dans tous les appareils similaires ; acétification au moyen de vinaigre de vin ou d'alcool à 8°, cette opération demande deux jours pendant laquelle on fait subir à l'appareil cinq à six révolutions par jour. L'acétification terminée, le vinaigre est évacué et l'on charge ensuite avec le mélange alcoolique à acétifier, qui doit être, autant que possible, d'une limpidité parfaite.

A ce moment, la température ambiante est portée à 30-35° pour achever l'opération.

Le premier et le deuxième jour, on fait faire à l'acétificateur deux révolutions complètes, une le matin et une le soir.

Le phénomène de l'acétification se produisant, la température à l'intérieur de l'appareil monte, le troisième jour, vers 20-24° ; on fait faire alors trois révolutions, une le matin, une à midi et une le soir. Les trois jours suivants, le thermomètre montant toujours, on cesse de chauffer la salle et on fait faire à l'appareil trois révolutions totales par jour. Dans ces conditions, la température intérieure arrive vers 34-36°. A ce moment, et toutes les fois que le thermomètre indiquera 36°, on fera subir à l'acétificateur une révolution totale. Il importe, néanmoins, de ne pas dépasser cette température, ce qu'on peut obtenir soit en faisant faire une révolution complète, soit en diminuant la rentrée de l'air sans toutefois l'arrêter complètement.

La durée totale d'une opération est de douze à quatorze jours et la fin en est marquée, quand on retrouve, à quelques dixièmes près, la totalité des degrés alcooliques employés en degrés acétiques obtenus. On procède alors au soutirage et l'appareil est prêt pour une nouvelle opération.

D'après M. Brissaud, les avantages de ces appareils seraient les suivants :

I. Rendement en vinaigre important avec un appareil de petit volume.

II. Main-d'œuvre presque nulle.

III. Production dépassant la production de tout autre appareil.

IV Qualité du produit obtenu comparable à celle des meilleurs vinaigres.

Procédé Villon.

L'appareil se compose d'une roue en spirale AB (fig. 24), analogue au tympan de Vitruve, ayant 2 mètres de diamètre et autant de largeur. A cette roue, on donne le nom d'*acétificateur*. Les spires sont écartées les unes des autres de 10 centimètres, et sont en tôle émaillée ou simplement en tôle recouverte d'une forte couche de vernis à la gutta-percha. La longueur totale de la spire est de 30 mètres environ. Les deux faces de l'acétificateur sont fermées par deux fonds en tôle revêtus intérieurement de vernis à la gutta ; ils peuvent s'enlever facilement pour permettre le nettoyage de l'appareil. La dernière spire forme un canal A.

L'espace compris entre les spires est garni avec des copeaux de hêtre. Ceux-ci peuvent être remplacés par du charbon de bois lavé à l'acide chlorhydrique. Enfin, l'appareil est monté sur deux tourillons qui reposent dans des coussinets, de façon à pouvoir tourner sur lui-même au-dessus d'une cuvette CC, fermée par un couvercle *a* portant une ouverture laissant passer l'acétificateur. Dans cette cuvette arrive le liquide alcoolique, du vin par exemple.

Il est aisé maintenant de comprendre le fonctionnement de ce système. L'acétificateur, tournant dans le sens indiqué par la flèche, le liquide pénètre par l'ouverture *b* et suit toutes les spires en se divisant au contact des copeaux de hêtre, jusqu'à ce qu'il arrive au canal. A chaque révolution, une même quantité de liquide suit la précédente et ainsi de suite. Une aspiration d'air, établie en A, permet de faire circuler l'air dans toutes les spires et de renouveler ainsi constamment celui qui se trouve épuisé par le phénomène de l'acétification. Cet air est pris à l'extérieur, par l'ouverture *b* et suit le même chemin que le liquide alcoolique.

On accouple ensemble deux acétificateurs, comme le représente la figure 25. Le premier B, commandé par la poulie P, tourne dans le sens indiqué par la flèche ; le second R, commandé par la poulie M, tourne en sens inverse. Ces deux appareils communiquent entre eux au moyen de leur canal central AA' et sont réunis par un manchon à friction L, duquel part le tuyau L d'aspiration de la pompe R. L'aspiration de l'air se fait ainsi simultatément dans les deux acétificateurs. Comme l'air renferme de l'acide acétique, la pompe le refoule dans le serpentin S, où la plus grande partie se condense et tombe dans la bonbonne K, tandis que l'air se dégage par le tuyau O.

Le liquide du premier acétificateur arrivé dans le canal A, passe dans le second, mais comme celui-ci marche en sens inverse, il descend le long des spires et est rejeté dans la cuvette C' où il s'accumule et passe, au moyen d'un siphon, dans la première

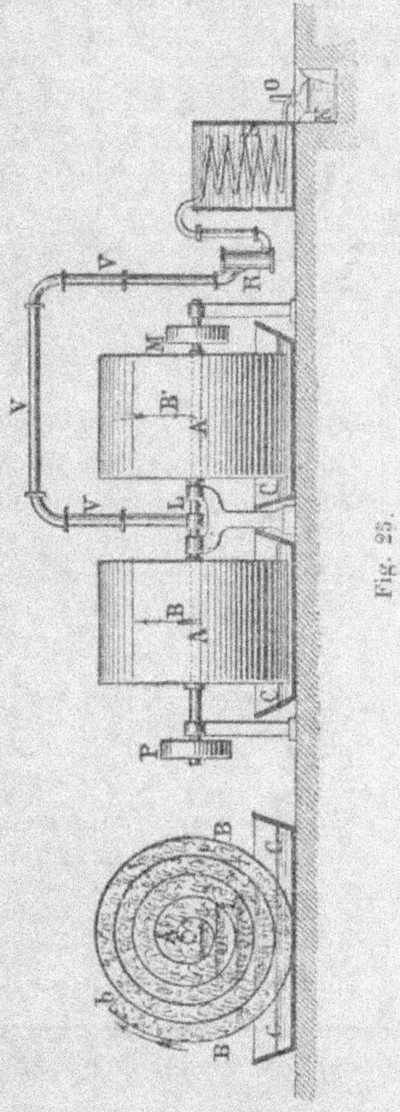

Fig. 25.

cuvette d'un second couple d'appareil où il subira le même traitement, puis dans un troisième.

Chaque acétificateur fait un tour, toutes les 8 minutes, et prend chaque fois 8 litres de liquide, soit donc 56 litres par heure, ou 1.000 litres par jour de 18 heures. La quantité d'air à faire circuler dans l'appareil doit être de cinq à dix fois la quantité théorique. La quantité serait de 15 litres par litre de liquide alcoolique à 10 0/0 ; cette quantité sera donc portée à 75 litres. La pompe devra donc aspirer 75.000 litres d'air par jour, soit 5.000 litres par heure environ.

La force nécessaire pour la manœuvre des appareils est de 2 chevaux-vapeur environ. On voit donc combien cette méthode est rapide et économique. Il suffit de faire arriver 55 litres de liquide alcoolique par heure pour recueillir, au bout du sixième acétificateur, la même quantité de vinaigre.

Appareils à plateaux.

Les appareils à plateaux ou à colonne comme on veut les appeler ont d'abord été employés dans la grosse industrie pour la fabrication de l'acide sulfurique, de l'acide nitrique, chlorhydrique et en général dans tous les cas où il s'agit de faire absorber par réaction ou dissolution simple, un gaz par un liquide. Ils se prêtent en effet particulièrement à cet emploi en raison de leur énorme surface d'action. C'est pour la même raison qu'on a songé à les utiliser dans la fabrication de l'acide acétique de fermentation, en les modifiant en vue de ce travail. Il ne semblent pas d'ailleurs avoir réussi dans la pratique, non pas qu'ils donnent de mauvais résultats, à ce que nous sachions, mais plutôt croyons-nous en raison de l'indifférence des fabricants à l'égard des brevets nouveaux dont l'expérience n'est pas faite suffisamment. En revanche, les inventeurs des appareils en question proclament hautement leur valeur et les avantages énormes que présentent leur emploi.

Parmi les nombreux brevets pris dans les différents pays nous en décrirons deux, L'appareil de Singer et l'appareil de Bersch.

Appareil Singer.

L'appareil Singer se compose de 5 cuves plates 1, 2, 3, 4, 5, superposées les unes aux autres, et disposées au-dessus d'une cuve un peu différente de forme, et plus grande A (fig. 26).

Dans chacune des cuves ou plateaux sont disposés un certain nombre de tuyaux en bois, généralement 7 par rangée, dont l'extrémité supérieure est bouchée et l'extrémité inférieure ouverte. Ces tuyaux font communiquer les cuves entre elles par la disposition qui est représentée dans la figure ci-jointe. Chaque tube d'une cuve plonge dans la cuve immédiatement inférieure presque jusqu'au fond. En haut, en H (fig. 27), ils portent de petites ouvertures très nombreuses par lesquelles le moût peut couler et passer ainsi dans les cuves inférieures. L'intérieur

des tubes porte des rainures transversales destinées
à augmenter la surface d'oxydation ; enfin dans la
partie en contact avec l'air extérieur plusieurs rainures transversales F servent à l'entrée de l'air.

Tous ces tuyaux de bois sont remplis de copeaux
de hêtre ou de charbon de bois.

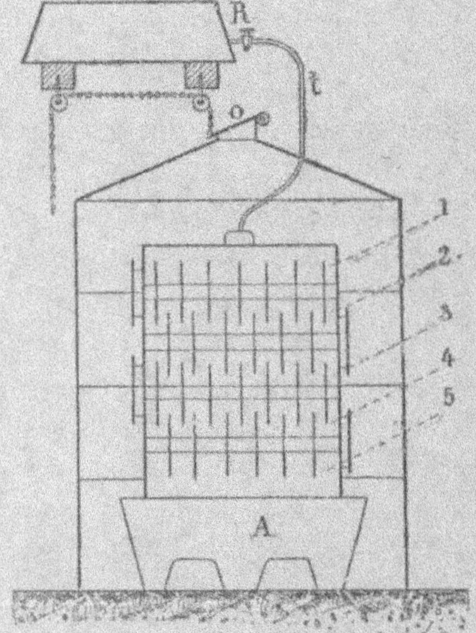

Fig. 26. — Appareil Singer.

Pour alimenter l'appareil de moût un réservoir R
qui en renferme une certaine quantité est disposé à
une certaine hauteur et communique par un tube de
vidange *l* avec la première cuve supérieure.

Pour éviter et le refroidissement et les pertes par
évaporation, tout l'appareil est renfermé dans une

vaste cage vitrée. Plusieurs ouvertures munies de re-
gistres à coulisses servent à l'entrée de l'air.

À l'intérieur de la cage vitrée sont disposés des
thermomètres à différentes hauteurs.

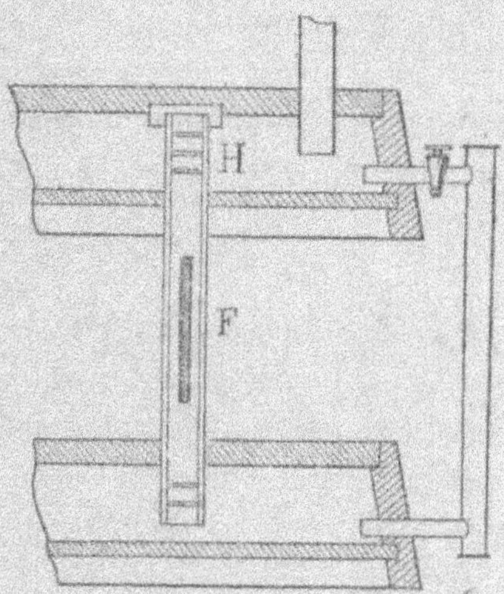

Fig. 27. — Appareil Singer.

L'orifice d'évacuation de l'air O se trouve tout en
haut de l'appareil et peut être facilement obturé plus
ou moins, du bas, au moyen de fil et poulies; de cette
manière il est facile de régler la circulation d'air. Une
bonne cheminée assure le tirage.

Le fonctionnement de l'appareil est facile à comprendre. C'est le même principe que l'appareil rapide
allemand, avec un dispositif plus compliqué. La surface d'activité des copeaux semble bien inférieure à
la surface d'activité d'un essigbilder commun de
même volume. Le principe de la transformation de
l'alcool en acide restant d'autre part le même on com-

prend que cet appareil n'ait pas donné de brillants résultats dans la pratique. Nous ne connaissons d'ailleurs aucune usine utilisant ce dispositif.

Appareil Bersch.

L'appareil Bersch est un des plus récents brevets allemands relatif à la vinaigrerie. On n'a pas encore pu le juger industriellement, à notre connaissance, mais, suivant son auteur il présenterait d'excellents avantages. En tout cas on y remarque un dispositif automatique d'alimentation de l'appareil qui peut rendre des services aux industriels dans l'emploi des anciens appareils.

L'appareil décrit par l'auteur est représenté par la figure ci-contre (fig. 28). Il possède les dimensions suivantes : 1 m. 10 de large, 1 m. 10 de long comme base et 2 m. 50 de hauteur. Sa surface active, c'est-à-dire la surface de contact effectif entre le moût et l'air et d'environ 1000 mètres carrés.

L'appareil a la forme d'une caisse fermée en haut par un fond en forme de pyramide et terminée par un tuyau de tirage R d'une longueur de 50 centimètres. La caisse renferme des plateaux étayés au nombre de 10. Ces plateaux sont en bois de hêtre et sont croisés les uns au-dessus des autres à angle droit. Chaque plateau est séparé de son voisin par une couche de buchettes de bois prismatiques remplissant le rôle de matériaux poreux, au travers desquelles l'air entrant et le moût venant par le tuyau r circulant en sens inverse s'y trouvent en contact intime. Cette

circulation et rendue si facile et si parfaite par ce dispositif que même si l'appareil avait la hauteur d'une
maison elle n'en serait nullement gênée ou ralentie,
suivant l'auteur.

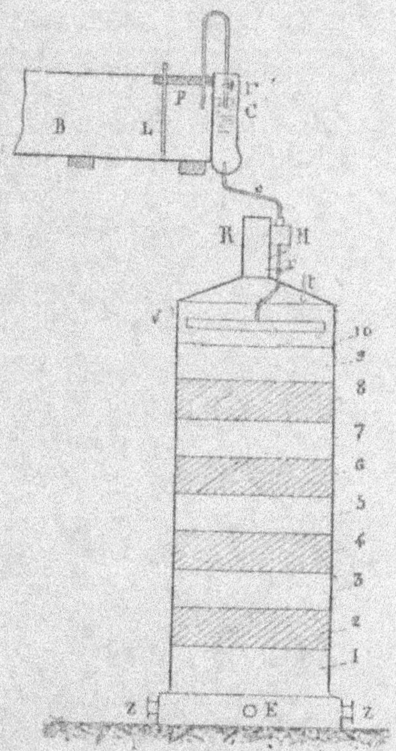

Fig. 28. — Appareil Bersch.

L'activité de cet appareil en raison de sa surface
d'action est considérable ; elle se poursuit sans inci-
dent pendant très longtemps tandis que dans l'appareil

ordinaire les arrêts de fabrication sont une grande cause de déboires.

L'entrée de l'air se fait par le bas par des portes latérales Z. La sortie du liquide se fait par E. Les ouvertures qui pourraient donner accès aux mouches si désagréables dans les vinaigres sont toutes munies de toiles métalliques protectrices. Le réglage se fait par la partie supérieure au moyen d'un registre à coulisse obstruant la cheminée de tirage.

Pour rendre l'appareil complètement indépendant de l'attention ou de la distraction des ouvriers, en outre pour obtenir une production régulière, jour et nuit sans interruption, il est muni d'un système de versage automatique dont le dispositif est indiqué par la figure.

Dispositif automatique pour le versage. — Le moût d'alimentation est placé dans une cuve B, dont la capacité est calculée pour l'alimentation de 1, 2, 3, 4... X appareils pendant 24 heures.

Dans la cuve se trouve un flotteur en bois F dont la course est réglée par trois tiges fixées au fond de la cuve, traversant trois trous qu'il porte. Il peut ainsi suivre les mouvements d'ascension ou de descente du niveau du liquide. Sur le flotteur F est monté comme il convient pour son fonctionnement un tube-siphon W dont la grande branche porte un tube de caoutchouc muni d'un robinet r'. Cette grande branche aboutit dans un espace C au fond duquel se trouve un tube c qui conduit le moût à l'appareil.

Le but de l'emploi du siphon W et du flotteur F est d'arriver à ce que moût de B s'écoule toujours sous la même pression. Cette condition ne serait pas rem-

plie si on le soutirait par une cannelle placée près
du fond de la cuve, la quantité de liquide qui coule-
rait alors dans l'unité de temps serait plus grande,
sous l'influence de la pression, lorsque la cuve serait
pleine, que lorsqu'elle serait presque vide.

La caisse siphon H qui reçoit le moût en premier
lieu a pour effet de répartir au bout d'un temps donné
une quantité convenable de moût sur le faux-fond V.
Aussitôt que H est plein jusqu'à un certain niveau,
il y a déclanchement et le contenu total, se vide d'un
seul coup en V, par le tube r. La caisse-siphon H à
une capacité de 3 litres. Le robinet r du siphon W est
ouvert de telle façon que dans une durée de 2 heures
il laisse couler la quantité qui remplit la caisse siphon
H, soit 3 litres.

Par ce dispositif on comprend qu'on arrive à un
versage aussi régulier qu'automatique et cela sans le
secours d'un ouvrier, toujours susceptible de distraction. Si le soir on veille à ce que la cuve B soit suffisamment remplie, l'alimentation d'un nombre quelconque d'appareils se poursuit toute la nuit et la
production est non seulement ininterrompue, mais
on évite bien des désagréments et accidents de fabrication qui proviennent si souvent de l'irrégularité des
versements et du refroidissement consécutif des appareils.

On sait que depuis longtemps les procédés automatiques de versage ont été la grande préoccupation des
praticiens, mais la plupart pour ne pas dire tous les
dispositifs présentés n'ont pu résister à l'expérience
industrielle soit parce qu'ils étaient trop compliqués,
soit parce qu'ils nécessitaient encore une certaine

surveillance Le dispositif de versage de Bersch n'est pas très simple, mais somme toute, il semble présenter de bonnes conditions de fonctionnement et il serait bon que l'expérience en fut faite.

Quant à l'appareil lui-même, l'auteur l'affirme excellent, mais nous ne connaissons aucun résultat officiellement obtenu par son emploi : il nous est donc difficile de le recommander fermement.

F. Méthodes chimiques.

Tous les procédés de fabrication du vinaigre que nous avons décrits ont eu pour but la transformation de l'alcool en acide acétique par fermentation avec le concours d'un agent spécial, *le mycoderma aceti*. Le principe même de cette transformation est, nous l'avons dit, un phénomène d'oxydation s'accomplissant sur l'alcool au moyen du ferment acétique.

$$CH^3CH^2OH + 2O = CH^3CO^2H + H^2O$$

Cette réaction étant établie et vérifiée, il était donc rationnel d'imaginer de nouveaux procédés de fabrication du vinaigre reposant sur ce fait et consistant en une oxydation ménagée de l'alcool éthylique.

Les corps éminemment oxydants : l'acide azotique, l'acide chromique, l'acide permanganique, donnent bien, lorsqu'on les fait réagir sur de l'alcool, naissance à de l'acide acétique, mais la proportion du produit obtenu, ainsi que la difficulté de l'opération elle-même, n'ont jamais permis de tirer de ces applications un procédé industriel de fabrication.

De même les alcalis caustiques peuvent donner dans des conditions convenables de l'acide acétique mais, pour les mêmes raisons que précédemment, il n'est pas possible de compter sur l'emploi de tels agents pour en produire des quantités importantes.

Le principal inconvénient des différentes substances oxydantes que nous avons signalées consiste essentiellement dans une oxydation trop énergique dont les conséquences sont de mauvais rendements et la production d'un produit impur, contenant des corps plus oxygénés. On a essayé alors d'utiliser des agents possédant un pouvoir oxydant plus faible et certain d'entre eux ont donné lieu à un développement industriel, développement qui du reste ne s'est pas maintenu. Néanmoins pour l'originalité de cette question nous mentionnerons l'emploi de ces substances : la mousse de platine et l'ozone.

Emploi de la mousse de platine.

Depuis fort longtemps on connait la curieuse propriété que possède le noir de platine d'emmagasiner certains gaz et l'expérience bien connue du briquet à hydrogène en est la preuve expérimentale. En 1835, le chimiste Dœbereiner découvrit que cette même substance possédait également la propriété de fixer l'oxygène de l'air et de le transmettre aux corps susceptibles de l'absorber en donnant ainsi lieu à des phénomènes d'oxydation.

Il imagina d'employer cette substance dans certaines réactions oxydantes et découvrit au cours de ses travaux que l'alcool pouvait ainsi être transformé directement en acide acétique. Il en déduisit un procédé facile et prompt de fabrication de l'acide acétique, très séduisant de prime abord, mais qui n'a jamais donné aucun résultat pratique.

En Allemagne, où l'alcool commun est à bas prix, on a recherché l'application de cette réaction et on a monté quelques fabriques de vinaigre.

L'appareil primitif de Dœbereiner se composait d'une cage de verre munie d'étagères supportant une série de capsules en porcelaine. Chaque capsule était munie d'un trépied pour maintenir un verre de montre contenant du noir de platine. Des ouvertures dont on peut régler à volonté les dimensions sont pratiquées à la partie supérieure et à la partie inférieure de la cage, et permettent ainsi la libre circulation de l'air à travers tout le système : Un serpentin de vapeur est destiné à maintenir l'atmosphère de la cage à la température de 30 — 35° C.

L'alcool à transformer étant versé dans les capsules, on place le noir de platine sur les verres des trépieds et l'on élève la température de l'intérieur à 30° environ. L'alcool entre alors en évaporation lente; les vapeurs qu'il forme viennent rencontrer le noir de platine qui leur cède l'oxygène qu'il a emprunté à l'air pour les transformer en vapeurs acétiques. Celles-ci finissent par se condenser sur les parois de la cage, d'où le liquide formé descend pour se rendre dans un réservoir spécial placé au fond de la cage.

Cette réaction se maintient tant que l'oxygène de l'air n'est pas complètement absorbé; il est donc besoin de faire rentrer au bout d'un certain temps une nouvelle quantité d'air si l'on veut conserver au phénomène son activité. Une ventilation suffisante doit, par suite, être pratiquée au moyen des ouvertures que porte la cage pour établir le renouvellement de l'air dans les conditions les plus favorables.

Avec une cage ayant une capacité de 700 litres, et contenant 200 à 210 gr. de noir de platine, on pouvait, dans le cours d'une journée, convertir 1 kgr. d'alcool en acide acétique pur. Du reste on admet en général que pour une capacité de cage de 1 mètre cube, cet appareil exige environ 400 gr. de noir de platine, quantité qui est susceptible de transformer par jour 3 à 4 litres d'alcool en acide acétique. Les appareils industriels employés ont des dimensions plus ou moins élevées suivant l'importance de la fabrication ; on en a fait d'un volume de 40 mètres cubes et renfermant 17 kgr. de noir de platine qui permettaient de transformer journellement 150 litres d'alcool en acide acétique pur.

Comme on le voit par l'étude des chiffres, ce procédé a l'inconvénient d'une production d'acide acétique restreinte, une partie de l'alcool se trouvant transformé en aldéhyde et en acétal, par suite d'une oxydation trop énergique, surtout si la ventilation est incomplète. En outre, si l'on développe cette ventilation, une quantité importante d'acide acétique est entraînée par l'air et se trouve perdue.

Outre ces inconvénients, ce procédé en présente un autre beaucoup plus important et si important qu'à lui seul il entrave toutes les espérances que l'on avait fondées sur lui. Cet inconvénient est constitué par la perte de la propriété oxydante du noir de platine au bout d'un certain temps de travail. Pour lui rendre son pouvoir actif, il faut le calciner au rouge. Ces calcinations souvent répétées occasionnent un déchet et, quelque minime qu'il soit, il est toujours très onéreux pour une matière aussi chère que le noir de platine.

On a bien essayé, il est vrai, de remédier à cet inconvénient, mais les diverses méthodes proposées n'ont pas permis de rendre pratique ce procédé et le mode de fabrication est appelé à être tôt ou tard abandonné. On a proposé de maintenir constamment le noir de platine à une température de 300 degrés environ : A cet effet, il est placé dans des tubes de grès ou de porcelaine chauffés par un combustible gazeux quelconque, et dans lesquels on dirige un courant de vapeurs d'alcool, vapeurs mélangées d'air ou ce qui est mieux d'oxygène.

On peut encore maintenir la mousse de platine incandescente au moyen d'un courant électrique. M. Villon a, à cet effet, combiné un petit appareil à fabriquer instantanément le vinaigre pour les besoins d'un ménage. Cet appareil se compose d'un tube en verre dans l'intérieur duquel se trouve une spirale de platine portant des petits paniers en toile de platine renfermant de la mousse de platine. Cette spirale est mise en communication avec une pile suffisamment forte pour la rendre incandescente. Il suffit alors de verser goutte à goutte de l'alcool à la partie supérieure du tube, pour recueillir du vinaigre à la partie inférieure, dans un petit récipient disposé à cet effet.

En résumé, l'emploi de tels procédés constitue plutôt la démonstration expérimentale d'une réaction que l'innovation de méthodes nouvelles de fabrication du vinaigre.

Emploi de l'ozone.

Parmi les corps oxydants connus, l'ozone est un de ceux qui présentent ces propriétés à un très haut degré ; il est donc naturel que l'on ait songé à utiliser cet ozone, ou tout au moins de l'air ozonisé, pour transformer l'alcool en acide acétique par voie d'oxydation.

Ces idées sont déjà anciennes et datent au moins de 1872, époque à laquelle M. Widemann adressa une note à l'Académie des sciences sur l'emploi de l'ozone dans la fabrication du vinaigre.

Voici du reste, à titre de simple renseignement, le procédé employé par cet auteur et qu'il expérimenta devant M. le baron Thénard.

Le liquide alcoolique est amené à la partie supérieure d'un cylindre contenant du verre ou de la porcelaine, en petits fragments, qu'il traverse goutte à goutte. A la partie inférieure de ce cylindre arrive de l'air qui a été lancé avec un fort chalumeau dans la flamme de becs de gaz placés près d'ouvertures pratiquées à cette partie. L'impulsion donnée à l'air par cette projection et par la chaleur qu'il a acquise en passant dans la flamme du gaz est encore activée par un appel énergique. Cet air ainsi lancé, chauffé et appelé monte dans le cylindre où il rencontre le liquide alcoolique qui descend goutte à goutte. Par ce contact plus ou moins prolongé, ce liquide s'acidifie.

M. Widemann monta à cette époque une usine aux États-Unis, à White Plains, qui fonctionna quelque temps avec ce procédé ; mais depuis nous ne savons ce qu'il est advenu de cette fabrication.

Si l'on s'en rapporte strictement à l'expérience précédente, on est en droit de se demander si réellement c'est l'ozone qui a permis la transformation de l'alcool en vinaigre, car il n'est pas du tout démontré que le simple fait de faire passer un courant d'air à travers une flamme donne naissance à de l'air ozonisé.

M. Claudon, qui pose cette question, a, en effet, expérimenté avec de l'air ozonisé sur des produits analogues : il n'a pu obtenir dans ces conditions des résultats aussi satisfaisants que ceux de M. Widemann.

Il semble donc que ce mode opératoire ne soit pas appelé à une grande destinée industrielle, car il doit revenir fort cher, si l'on considère la dépense qu'il est nécessaire de faire pour produire cet air ozonisé.

Néanmoins, dans le cours de ces dernières années la question semble avoir été de nouveau mise à l'étude. Les différents renseignements que nous avons pu recueillir à ce sujet ne sont que très imparfaits et ne relatent que quelques considérations très superficielles sur le sujet.

En France, peu de personnes s'occupent de ce travail et les quelques auteurs qui ont bien voulu nous faire part de leurs résultats, ont simplement remarqué que le passage d'air ozonisé dans un milieu convenablement choisi, d'alcool et d'acide acétique parait favoriser l'augmentation de l'acidité du milieu.

A l'étranger et notamment en Angleterre, les essais ont été plus nombreux. On fabrique, parait-il, en Angleterre, le vinaigre en faisant passer de l'air sous pression dans des appareils où le moût coule le long de ficelles, ou bien est projeté en pluie en haut du récipient. Dans ces conditions le mycoderma acéti se développe très bien et ce développement est encore meilleur quand à l'air on substitue de l'air légèrement ozonisé. Cependant si l'on opère sur de grandes quantités, on ne réussit pas très bien parce que ce n'est qu'avec une grande difficulté qu'on peut injecter de l'air faiblement ozonisé dans le liquide soumis à l'acétification. D'autre part il parait y avoir dans ces renseignements une lacune importante que l'on ne s'explique pas très bien. On ne comprend pas en effet pourquoi l'ozone qui possède la propriété de détruire les microbes permet au contraire le développement du mycoderma acéti que l'on peut envisager comme étant le bacille du vinaigre.

De ces diverses considérations, il résulte que l'emploi de l'ozone pour la transformation de l'alcool en acide acétique n'est encore qu'à l'état d'étude et les diverses entreprises à ce sujet ne nous permettent pas de conclure favorablement à l'extension d'un semblable procédé.

CHAPITRE VI

Examen du produit fabriqué ; ses propriétés. — Traitement des vinaigres. — Conservation. — Emmagasinage.

Malgré la variété des procédés mis en œuvre pour la fabrication du vinaigre, malgré le nombre considérable d'appareils employés à cet effet, le produit obtenu ne peut avoir, que deux origines, commercialement parlant : le vin et l'alcool. Nous avons vu précédemment qu'au fond la nature des réactions engendrées dans cette fabrication était la même : la transformation de l'alcool en acide acétique par voie d'oxydation.

Nous n'avons donc lieu de considérer au point de vue du produit fabriqué que deux sortes de vinaigres : le vinaigre de vin et le vinaigre d'alcool. Ces deux vinaigres sont en effet les deux seuls que l'on rencontre couramment dans le commerce ; la production de chacun d'eux répondant généralement aux conditions économiques du pays qui les fabrique. Dans les pays où le vin est en abondance, et le nôtre se trouve dans ce cas, le vinaigre de vin se fabrique encore en quantité assez notable ; et si cette fabrication n'est pas ce qu'elle devrait être, il ne faut pas en rechercher la cause autre part que dans les exigences que nécessite la fabrication de vinaigre de vin. C'est du reste pour cette raison que même dans les pays vignobles, le vinaigre d'alcool se fabrique et en quantité telle que la production du vinaigre de vin paraît être appelée à disparaître un jour ou l'autre. Si à cela on ajoute le vinaigre d'alcool obtenu dans les pays non favorisés par la vigne, on voit aisément que nous sommes appelés à ne rencontrer dans le commerce que rarement du vinaigre de vin. Néanmoins, il est encore quelques industriels qui estiment que la fabrication du vinaigre de vin ne doit pas être abandonnée malgré la difficulté et la longueur des opérations.

Un pareil raisonnement est tout en leur honneur et nous envisageons avec un fervent espoir l'époque où l'on reviendra à cette fabrication qui pendant de nombreuses années a suffit largement à la consommation de nos pères.

Le vinaigre de vin, lorsqu'il sort des appareils d'acétification est constitué par un liquide blanc jaunâtre ou légèrement rouge suivant l'intensité de coloration du vin qui a servi à l'obtenir. Il possède une odeur agréable et un goût d'autant plus apprécié que le vin que l'on a utilisé était de bonne qualité.

Il présente toujours un aspect trouble ce qui nécessite un traitement convenable avant de le livrer au commerce.

Le vinaigre de vin est en effet soumis aux opérations suivantes avant d'être considéré comme liquide marchand : filtrage, collage, conservation, coloration ou décoloration, mise en futs et en bouteilles, emmagasinage et livraison.

Afin de satisfaire le goût du consommateur habitué à voir le vinaigre avec la teinte jaune brune que nous lui connaissons, les vinaigriers sont souvent obligés de modifier la couleur du vinaigre de vin qu'ils ont obtenu. Logiquement, en effet, le vinaigre de vin qu'il soit obtenu avec du vin blanc ou avec du vin rouge devrait être livré à la consommation avec la couleur propre qu'il possède, c'est-à-dire une couleur variant du blanc légèrement jaune au rouge plus ou moins accentué. Dans le cas du vinaigre de vin blanc, il n'y a généralement aucun travail de coloration ou de décoloration à effectuer et si alors l'industriel doit donner à son produit une couleur un peu vive, il peut d'une façon très licite ajouter au vinaigre obtenu une certaine proportion de vin jusqu'à couleur désirable.

Dans le second cas, celui du vinaigre de vin rouge, il n'y a lieu de considérer que la décoloration plus ou moins complète du produit fabriqué. La seule pratique qui doit être tolérée est la décoloration de ces vinaigres par le noir animal purifié et très soigneusement lavé. Il n'est pas possible d'indiquer la quantité de noir à employer car elle dépend évidemment de la coloration du produit mis en œuvre ainsi que celle du produit fabriqué ; généralement les industriels font pour cette décoloration un ou plusieurs essais préalables pour le vinaigre qu'ils veulent ainsi décolorer.

Une pratique qui, paraît il, a cours chez certains vinaigriers, a pour but de décolorer le vinaigre de vin au moyen du lait bouillant ; nous ne croyons pas, après consultation d'industriels sérieux, devoir recommander ce mode opératoire.

Enfin il arrive et cela fort rarement heureusement, que le vinaigre de vin obtenu a une couleur complètement noire ; cette coloration provient presque toujours de ce que ce vinaigre a été logé dans des fûts neufs, sans qu'on les ait au préalable lavés à l'eau bouillante et avec du vinaigre chaud ; cela peut également provenir du contact du vinaigre avec une partie métallique en fer. Dans ce cas la décoloration du vinaigre peut se faire comme nous l'avons précédemment indiqué ; le vinaigre ainsi obtenu peut alors être ajouté, à petites doses, à d'autres vinaigres n'ayant pas subi cette coloration, mais comme en général ces vinaigres redeviennent souvent noirs avec le temps, il est préférable pour le vinaigrier consciencieux de ne pas faire rentrer un tel produit dans la consommation ce qui lui procurera une perte peut-être onéreuse, mais lui permettra néanmoins de conserver la bonne renommée de sa fabrication.

Le vinaigre de vin est, nous l'avons dit plus haut, toujours trouble lorsqu'il sort des appareils à acétification, ce trouble provient de la présence de substance minérale : à seule fin de le clarifier partiellement tout au moins on se contente généralement de le laisser séjourner dans des foudres ou râpes contenant sur environ la moitié de leur hauteur des copeaux de hêtre qui jouent le rôle de filtre et retiennent les matières en suspension dans le vinaigre. Néanmoins ce filtrage est généralement imparfait et bien que le produit obtenu ainsi soit déjà bien moins trouble, il n'a pas l'aspect désirable pour être livré au commerce.

Le séjour sur ces copeaux est fort long et ne doit pas être inférieur à deux mois, au bout de ce temps, on soutire le vinaigre et on lui fait subir un ou plusieurs collages à la colle de poisson.

La colle de poisson ou ichtyocolle, provient de la vessie aérienne de diverses espèces de poissons nommés *accipensers* que l'on trouve en quantité assez considérable dans la Volga, en Russie. Le Grand Esturgeon (Accipenser Huso) en fournit la plus grande quantité. C'est un poisson de 4 à 5 mètres de long et qui pèse 600 kilogrammes et souvent plus. La Guyanne et la Chine fournissent au commerce de grandes quantités d'ichtyocolle provenant de diverses espèces de poissons à vessies natatoires énormes.

Enfin avec des peaux de raies, des intestins de morue, etc., on prépare une colle de poisson factice. On fait bouillir les intestins dans l'eau jusqu'à division, on concentre les liqueurs puis on les coule sur des plaques de pierres polies. Cette colle se vend en rubans roulés et est offerte comme colle de poisson, mais n'en a pas les qualités. C'est une gélatine qui n'a que les propriétés de la gélatine, aussi elle doit être rejetée par les vinaigriers.

La colle de poisson vraie est constituée par une fibrine spéciale, blanc mat en petite couche et très résistante à la traction. Elle est translucide et paraît constituée par des fibres longitudinales, comme le tissu fibreux. Elle s'applatit sous le marteau et ne se pulvérise que difficilement, à la façon du cuir. Dans le sens des fibres, on la divise assez facilement.

La colle de poisson est insoluble dans l'eau froide, dans laquelle elle se ramollit sans gonfler. Dans l'eau à 100° elle se divise, gonfle légèrement, et se prend en masse par le refroidissement, sans avoir perdu ses propriétés et sans se transformer en gélatine.

Dans une eau froide acidulée au 10° elle gonfle dans une mesure considérable et prend une consistance de gelée qui permet de renverser le vase qui la contient sans écoulement de liquide. Cette propriété est caractérisque de la bonne colle de poisson. La colle est d'autant meilleure que cette gelée est plus dense : Ainsi à parties égales de colle et d'eau acidulée, la meilleure colle sera celle qui dans le même temps donnera à l'eau la plus grande consistance.

C'est certainement là un procédé extrêmement commode pour juger rapidement de la valeur comparative de deux colles de poisson.

Son mode d'action dans l'opération du collage n'est pas semblable à celle de l'albumine ou de la gélatine. L'albumine et la gélatine, en effet coagulent en présence de tanin pour former un tannate insoluble qui emprisonne toutes les matières en suspension du liquide et qui produit ainsi la clarification. La colle de poisson qui ne procède pas par les mêmes phénomènes permet de l'employer au collage des liquides ne renfermant pas de tanin ; elle agit en formant dans la masse du liquide un réseau fibreux qui entraîne en se déposant tous les corps insolubles en suspension dans le liquide. Elle forme il est vrai également un précipité dans les liquides contenant du tanin, mais comme elle permet d'agir dans les liquides qui n'en renferment pas, il en résulte une certaine supériorité pour la clarification des vinaigres.

Après cette digression sur la colle de poisson, voici comme il convient de l'utiliser pour le collage du vinaigre. La colle de poisson est mise dans une petite quantité d'eau froide pendant une heure pour la ramollir légèrement, puis on ajoute à l'eau de l'acide acétique ou tartrique en quantité égale à celle de la colle employée ; d'après certains vinaigriers l'acide tartrique est préférable. Après une heure ou deux, on constate que la colle a gonflé au point de dissimuler complètement l'eau et l'on peut à ce moment renverser le vase sans écoulement de liquide. On ajoute alors de nouveau de l'eau, on mélange le tout, la colle gonfle encore : on opère ainsi jusqu'à ce que la colle soit à consistance telle qu'elle puisse passer au tamis de crin. Ce résultat ne s'obtient généralement qu'après une douzaine d'heures environ. A ce moment on passe la colle plusieurs fois de suite au tamis pour la diviser le mieux possible ; elle est bonne alors pour le collage du vinaigre. On ajoute à cet effet une certaine proportion de cette colle dans le vinaigre à clarifier, on agite et laisse reposer quelques heures. La quantité de colle ajoutée est variable suivant les cas mais elle est généralement dans les environs de quatre grammes de colle sèche pour un hectolitre de vinaigre.

Indépendamment de ces différentes considérations il en est une autre de la plus haute importance pour le vinaigrier ; c'est la conservation du vinaigre fabriqué. Le vinaigre en général et le vinaigre de vin en particulier est, nous le savons, le résultat d'une fer-

mentation ayant pour but la transformation de l'alcool en acide acétique ; à ce point de vue il est
donc sujet comme tous les liquides de fermentation
à des altérations ou fermentations secondaires qui
peuvent nuire aux qualités du produit obtenu.

Le point essentiel pour le vinaigrier est, comme
nous l'avons déjà fait remarquer, la transformation
intégrale de tout l'alcool du vin en acide acétique.

Si cette transformation est incomplète, l'alcool non
transformé subit à son tour des modifications impro-
pres aux bonnes qualités du vinaigre ; si au contraire la fermentation est poussée à l'excès, l'acide
acétique formé devient à son tour l'objet de transformations secondaires détruisant le bouquet du
vinaigre ; en général cette limite s'obtient facilement
par le dosage continu de l'acide acétique formé au
cours de l'acétification.

En dehors de ces premiers phénomènes d'altération, il en existe d'autres beaucoup plus importants
et qui résultent d'une mauvaise marche dans la fabrication. Nous avons décrit au sujet de la fermentation
acétique, la forme particulière que prenait le mycoderma acétilors qu'il était submergé Lorsque ce phénomène se produit il est généralement cause d'une
perturbation dans la fabrication : on trouve alors
ce mycoderma au fond des cuves sous forme d'amas
muqueux et membraneux et qui d'après les auteurs
qui s'occupaient autrefois du vinaigre devait constituer la *mère* du vinaigre. On sait aujourd'hui combien cette opinion est erronée et que dans tous les
cas on doit éviter cette production particulière.

Il arrive de plus que dans bien des cas, le travail

de la fermentation se continue longtemps après celui
de l'acétification proprement dite et il n'est pas
rare de voir un vinaigre qui était bien clair lors de
sa fabrication devenir trouble au bout d'un temps
plus ou moins long ; ce vinaigre même finit par tomber en putréfaction complète si l'on ne porte pas un
prompt remède à ce mal. Pasteur à qui l'on doit l'é-
tude de ce phénomène lui assigne une analogie complète avec le phénomène qui transforme le vin en
vinaigre. On peut en effet se demander ce que devient
le mycoderma aceti lorsque son travail est effectué ;
le plus souvent un changement profond se manifeste
dans la structure du mycoderme et il n'est pas rare
de le voir tomber au fond du vase ou il ne tarde pas
à se reformer quoique péniblement. Mais alors il
continue son action et comme le liquide ne renferme
plus d'alcool transformable c'est sur l'acide acétique
que se porte l'action du mycoderme : il se transforme
ainsi en eau et acide carbonique ; de plus les principes éthérés qui constituent l'arôme du vinaigre sont
également atteints. Cette fermentation secondaire à
donc pour effet de modifier considérablement le
vinaigre au point de vue de sa force et de son
arôme et on peut facilement reconnaître ce double
phénomène si on débouche un flacon dans lequel
le vinaigre trouble accuse ses altérations. Il est donc
de première importance pour l'industriel vinaigrier
d'obvier à ces inconvénients qui peuvent nuire à la
renommée de sa fabrication.

Il existe enfin une dernière altération bien autre-
ment désastreuse pour la vinaigrerie ; c'est la présence des anguillules. Elles étaient autrefois généra-

lement considérées comme utiles à la fabrication ;
tandis qu'en réalité elles séjournent dans les couches
supérieures du liquide et entravent ainsi le développ-
pement régulier du mycoderme. Au point de vue commercial les anguillules ne paraissent pas présenter
d'autres inconvénients que celui d'être désagréable
au consommateur qui généralement a de la répu-
gnance dans l'usage d'un liquide souillé par de tels
animaux. Il est donc urgent à ce double point de vue
d'empêcher la production de ces anguillules par un
nettoyage constant de cuves d'acétification ; le filtrage
et le collage du vinaigre obtenu enlèvent généralement la majeure partie de celles dont on ne peut
empêcher la formation ; le restant est absolument
détruit par l'opération que l'on fait subir au vinaigre
et à laquelle on peut donner le nom de Pasteurisation.

Le seul remède qui permet de remédier à tous ces
inconvénients et qui d'un coup met le vinaigrier à
l'abri de tous ennuis a été indiqué il y a déjà environ 30 ans par Pasteur. Pasteur reconnut en effet de
la manière la plus simple que toutes les végétations
qui peuvent s'accoutumer dans le vinaigre y compris même les anguillules sont détruites si l'on porte
ce dernier à la température de 55°-60° Cent.

Le nombre des apparils créés pour cet usage est
assez grand et il est superflu de recommander tel
ou tel de ces appareils ; néanmoins si l'industriel
vinaigrier possède une chaudière à vapeur (et il
est de très grande utilité qu'il en possède une) il
pourra sans grands frais installer la pasteurisation

d'une façon très suffisamment parfaite pour son industrie.

L'appareil (fig. 29) se compose d'un bac B contenant de l'eau maintenue à la température de 60-65°

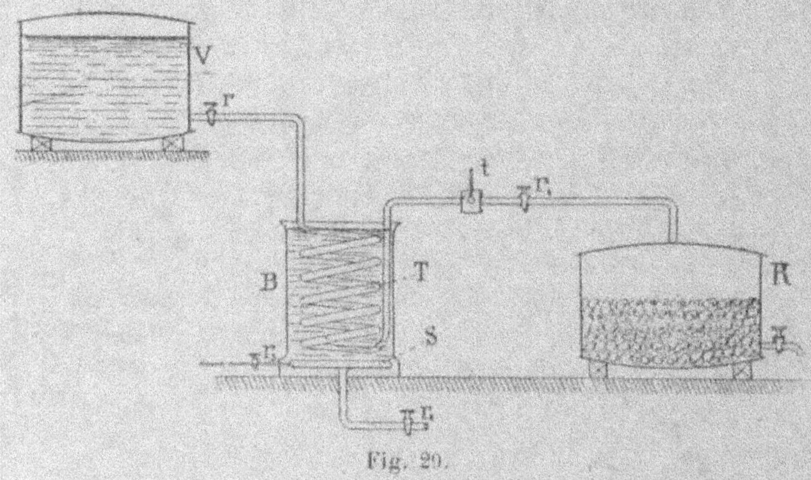

Fig. 29.

par le serpentin de vapeur S muni des deux robinets R² R³ ; dans ce bac se trouve un serpentin en cuivre étamé intérieurement T qui amène le vinaigre du récipient V au moyen du robinet R. Le passage à travers ce serpentin est réglé de telle manière que la stérilisation complète ait le temps de s'effectuer ; un thermomètre *t* placé sur le tube de sortie du bac B permet de constater à tout moment la température du vinaigre.

Comme par le fait du chauffage le vinaigre se trouble par suite de l'insolubilité de certains principes dissous, il est nécessaire de le filtrer au sortir de l'appareil ; cette filtration peut s'exécuter simplement au moyen de la râpe R que nous avons décrite ou au moyen de tout autre dispositif convenable et dont les modèles sont répandus dans l'industrie de la vinaigrerie.

Après cette série de traitements qui sont forts longs et délicats et exigent de la part du vinaigrier consciencieux une attention soutenue, le vinaigre est marchand ; il ne reste plus qu'à le mettre en fûts et en bouteilles et à l'emmagasiner avant de le livrer au commerce. Ces opérations n'offrent rien de bien particulier à signaler si ce n'est l'observation de précautions ayant pour but la bonne conservation du produit obtenu. C'est ainsi que les fûts et les bouteilles devront être soigneusement lavés et ébouillantés (de là encore la nécessité d'avoir une chaudière à vapeur) ; de plus l'attention devra se porter encore plus spécialement sur les fûts et tonneaux, et bien s'assurer qu'ils ne sont traversés par aucun clous et que les douves de fond ne soient pas goujonnés avec du fer pour éviter la formation subséquente d'acétate du fer qui donne au vinaigre une couleur noire, un goût repoussant et le rend impropre à tout usage.

Avant de livrer le vinaigre de vin il est bon de le conserver assez longtemps en magasin car il subit, comme le vin du reste, une bonification qui d'ailleurs a déjà été commencée par la pasteurisation.

Comme on peut facilement s'en rendre compte, le travail que l'on fait subir au vinaigre de vin après sa sortie des appareils à acétification ne cède en rien au point de vue de la longueur et de la minutie des opérations à la fabrication de ce vinaigre lui-même. C'est là, évidemment une source de frais assez considérables surtout si ce travail est soigneusement exécuté. Il nécessite de plus la mise en œuvre d'une quantité si importante de liquide qu'un industriel produisant annuellement 1200 hectolitres de vinaigre doit avoir continuellement dans son usine 600 hectolitres en fabrication et 600 hectolitres en magasin. Ce chiffre représente un gros capital et certes il serait utile de le diminuer : aussi serait-il désirable de voir prendre naissance à un procédé de fabrication industrielle du vinaigre de vin qui permette de ne pas avoir de si grandes quantités de substances en mouvement, ce qui diminuerait d'autant plus les frais généraux des vinaigriers.

Nous ferons à ce sujet remarquer qu'il n'y a pas lieu de considérer ici les appareils basés sur le procédé allemand avec l'emploi de copeaux de hêtre, car de tels appareils ne peuvent servir qu'à la préparation du vinaigre d'alcool, et pour répondre à nos desiderata, il semble que le procédé qui soit le plus approprié soit celui que nous avons mentionné sous le titre « Procédé Pasteur, appareil Claudon » qui présente malheureusement l'inconvénient de ne pas être récent.

Vinaigre d'alcool. — La suite des opérations que nous venons d'énoncer et qui ont pour but de donner au vinaigre de vin les propriétés et les qualités d'un produit marchand peut également s'appliquer au vinaigre d'alcool. Néanmoins en vertu de l'origine même de ce vinaigre d'alcool, on peut sans aucun inconvénient réduire la longueur de ce travail, ce qui constitue pour l'industriel une diminution dans les dépenses à effectuer.

Le vinaigre d'alcool, en effet, contient beaucoup moins d'éléments nutritifs que le vinaigre de vin ; la nature des réactions qui se passent pendant le phénomène de l'acétification est par cela même moins complète : il en résulte que le produit est généralement moins trouble que celui obtenu avec le vin. Cela provient également du mode opératoire employé ; nous savons en effet que le vinaigre d'alcool s'obtient industriellement par des procédés dont la base est le procédé allemand utilisant les copeaux de hêtre ; ces copeaux de hêtre jouent alors dans ce cas le double rôle de support du mycoderme et de substance filtrante. La clarification d'un semblable vinaigre est donc chose facile et un simple collage est généralement suffisant pour donner un produit bien limpide.

La coloration de ce vinaigre est ici différente de celle des vinaigres de vins ; les vinaigres d'alcool sont généralement incolores ou fort peu colorés, aussi pour leur donner l'aspect qui plaît au consommateur le vinaigrier est-il obliger de recourir à un moyen factice. Le procédé employé couramment consiste à donner aux vinaigres d'alcool la coloration voulue au moyen d'un peu de bon caramel. La préparation et les quantités de caramel à employer ne sont guère utiles à indiquer et chaque industriel pourra, grâce à quelques essais préliminaires, connaître la proportion de caramel qu'il faut ajouter à un vinaigre donné pour l'amener à la coloration voulue.

La conservation des vinaigres d'alcool est du

même ordre d'idées que celle du vinaigre de vin,
cependant il est bon de faire remarquer qu'en raison de sa nature il est moins favorable aux fermentations secondaires, et comme d'autre part le
vinaigre d'alcool ne se bonifie pas sous l'influence du
temps, il n'y a pas lieu de le conserver en magasin,
ce qui permet au vinaigrier de le fabriquer suivant
ses besoins ; il n'y a donc pas intérêt à lui faire subir
la pasteurisation.

Il ressort de ces différentes considérations que le
vinaigre d'alcool exige un travail beaucoup moins
difficultueux que le vinaigre de vin, cela explique,
probablement dans une large mesure le développement de sa fabrication ; il a cependant des qualités bien moins appréciables que celles de vinaigre
de vin mais qui sont cependant suffisantes pour les
usages journaliers auxquels il est destiné.

CHAPITRE VII

Essai et analyse du vinaigre

Pour le fabricant de vinaigre qui veut travailler
rationnellement, il est de la plus haute importance
de suivre continuellement la marche de sa fabrication et de pouvoir déterminer à chaque moment le
progrès de l'acétification. Un procédé assez simple
en apparence pourrait être basé sur la dégustation
du produit obtenu ; cette méthode n'offre cependant
aucune précision et le palais le plus exercé ne peut
guère être capable d'apprécier avec une sûreté suffisante la teneur d'un liquide en acide acétique ; or,
comme le fabricant a besoin d'être en possession
d'un procédé à la fois simple, rapide et exact, il faut
avoir recours aux méthodes chimiques pour répondre
simultanément à toutes ces conditions.

En général, l'essai et l'analyse d'un vinaigre a un
double but : 1° détermination de la teneur pour
cent de ce vinaigre en acide acétique ; 2° recherche
des substances étrangères contenues dans ce vinaigre.

Avant d'entrer directement dans la partie analytique proprement dite, nous allons tout d'abord indiquer les propriétés générales des différents vinaigres

que l'on rencontre dans le commerce ; ces renseignements seront dans la suite de ce travail d'une utilité
appréciable pour la caractérisation d'un vinaigre
quelconque soumis à l'examen.

Vinaigre de vin. — Ce vinaigre est le plus recherché pour l'alimentation ; c'est également le meilleur
et celui dont le prix est le plus élevé. Un bon vinaigre de vin doit être limpide, d'une couleur blanc
jaunâtre ou rouge suivant la couleur du vin employé,
son odeur agréable est celle de l'acide acétique légèrement alcoolisé ; il laisse également percevoir un
bouquet particulier dû aux éthers spéciaux qui se
sont produits pendant la fermentation ; sa saveur
est acide sans être mordicante, elle doit être franche, piquante et sans âcreté. Il a une densité variant
de 1,018 à 1,020 ce qui correspond à 2° 50-2° 75 de
l'aéromètre Baumé ; il contient de plus environ de
60 gr. à 80 gr. d'acide acétique monohydraté par
litre. Par évaporation, il laisse un extrait visqueux,
très acide, jaune brunâtre, renfermant des sels et
particulièrement du bitartrate de potasse qui exis-
taient dans le vin : cet extrait varie de 10 gr. 80 à
22 gr. par litre ; le poids de cet extrait est en général
de 1/10 plus faible que l'extrait du vin qui a servi à
sa fabrication. La présence de bitartrate de potasse
dans cet extrait caractérise le vinaigre de vin et peut
servir à son identification, surtout si on ajoute à
cette observation celle du poids des cendres qui est
généralement assez élevé.

Outre l'acide acétique, le vinaigre de vin renferme
encore des traces d'acide tartrique, d'acide malique
libres, un peu de glycérine, de l'acide succinique

ainsi qu'une proportion d'alcool d'environ 0°70 pour cent en volume.

Le vinaigre de vin donne généralement un trouble plus ou moins considérable par le chlorure de baryum et l'oxalate d'ammoniaque ; le nitrate d'argent donne sensiblement la même réaction, enfin le sous-acétate de plomb y produit un précipité blanc. Lorsque l'on ajoute de l'alcool absolu à un vinaigre de vin, il ne précipite ni dextrine, ni matière gommeuse et de plus il ne noircit pas par l'addition d'un sulfure alcalin.

Vinaigre d'alcool. — Le vinaigre d'alcool est de nos jours, le vinaigre que l'on rencontre le plus fréquemment dans le commerce ; chimiquement parlant, c'est une solution d'acide acétique dans l'eau.

Lorsqu'il vient d'être fabriqué, le vinaigre d'alcool est incolore, on le teinte toujours avec un peu de caramel pour lui donner l'aspect marchand. Son odeur est celle de l'acide acétique et sa saveur est fortement acide.

Il a une densité plus faible que celle du vinaigre de vin, 1,010 environ. A l'évaporation, il laisse une quantité insignifiante d'extrait et sa teneur en cendres est à peu près nulle. Le vinaigre d'alcool est généralement plus riche en acide acétique que le vinaigre de vin, cette quantité d'acide peut même aller jusqu'à 120 gr. d'acide acétique monohydraté par litre. Enfin, il renferme toujours de l'alcool non transformé et presque toujours de petites quantités d'aldéhyde.

Vinaigre de cidre et de poiré. — Ces vinaigres ont une couleur jaunâtre, ils possèdent une odeur acéti-

que mais rappelant celle des liquides employés pour
leur fabrication. Leur densité varie de 1,010 à 1,013
ce qui correspond à 2° Beaumé environ. Évaporés,
ils laissent un extrait rouge et foncé, visqueux, et
mucilagineux dont la saveur qui rappelle celle de la
pomme ou de la poire est de plus légèrement acide
et astringente. Cet extrait toujours mou n'abandonne
jamais de cristaux de tartre ; son poids est d'environ
15 à 18 gr. par litre de vinaigre évaporé. Leur teneur
en acide acétique est généralement faible et ne va
guère au-delà de 30 à 40 gr. par litre.

Les vinaigres de cidre et de poiré donnent de
légers précipités avec le nitrate d'argent, l'oxalate de
d'ammoniaque et le chlorure de baryum ; le sous-
acétate de plomb donne également un précipité gris
jaunâtre.

Vinaigre de bière. — Il ressemble beaucoup aux
vinaigres précédents ; il s'en distingue cependant
par son odeur de bière aigrie ; sa couleur est jaunâtre et il possède une densité variant de 1,015 à
1,025. L'extrait obtenu par évaporation du vinaigre
de bière est assez élevé et atteint 50 à 60 gr. par
litre, il est légèrement amer et ne contient pas de
crème de tartre. La teneur en acide acétique est sensiblement la même que celle des vinaigres de cidre
ou de poiré, mais il est en outre très riche en
produits secondaires : albuminates solubles, dextrine, sucre (maltose); il contient aussi des phosphates
et en général les éléments de l'extrait de malt.

La conservation de ce vinaigre est assez difficile
en raison de sa faible teneur en acide acétique, aussi
l'emploi-t-on généralement pour le coupage des

vinaigres d'alcool ; cependant en Allemagne et en Angleterre, on produit annuellement des quantités assez considérables de ce vinaigre.

Vinaigre de glucose. — Ce vinaigre a presque toujours une odeur et une saveur de fécule fermentée. Son extrait est faible et ne renferme pas de tartre. On peut caractériser l'origine d'un semblable vinaigre par la présence d'une certaine quantité de glucose non transformée, ainsi que par la présence des impuretés de ce glucose telles que la dextrine et le sulfate de chaux.

Vinaigre de piquette de raisins secs, vinaigre de dattes. — Ces vinaigres sont remarquables par leur quantité élevée d'extrait, de cendres et de matières réductrices. On peut y déceler la présence de tartre qui, dans le vinaigre de raisins secs est de provenance naturelle, et dans le vinaigre de dattes, provient de l'acide tartrique ajouté au moût pour favoriser la fermentation alcoolique.

Vinaigre de betteraves. — L'emploi de ce vinaigre étant très restreint, ses caractéristiques sont peu connues ; on sait simplement qu'il est le produit de l'acétification d'un volume de jus de betteraves fermenté, de densité de 1.025, auquel on a préalablement ajouté un volume égal de vinaigre.

Pour terminer ce rapide aperçu nous donnons ci-contre la composition de quelques vinaigres analysés au Laboratoire municipal de Paris.

Vinaigres de vin

Echantillons analysés en		Densité à 15°	Extrait à 100° par litre	Sucre par litre	Tartre par litre	Cendres par litre	Acidité par litre en acide acétique	Rapport entre l'acidité et l'extrait	Observations
1891	1......	1,0165	15,32	0,72	3,13	2,08	66,6	4,2	
	2......	1,0138	15,96	0,73	2,76	2,72	44,4	2,8	
	3......	1,0210	31,96	4,16	1,93	5,52	60,0	1,8 (¹)	
	4......	1,0145	13,80	3,62	0,65	1,60	56,4	4,0 (¹)	
	5......	1,0132	23,00	1,37	0,95	6,88	46,2	2,0	
	6......	1,0169	14,36	1,58	1,30	2,60	71,4	4,9	
	7......	1,0187	16,52	2,11	0,80	2,76	73,8	4,4	
	8......	1,0180	16,32	1,72	2,53	2,52	72,0	4,4	
1892	9......	1,0210	25,96	4,02	1,48	1,68	66,6	2,5	
	10......	1,0173	18,96	3,96	3,57	2,72	60,0	3,1	
	11......	1,0171	15,64	1,75	3,21	2,32	77,0	4,6	
	12......	1,0182	16,38	2,27	0,87	2,88	68,4	4,1	
	13......	1,0129	14,36	1,37	1,10	4,40	59,4	3,4 (¹)	
	14......	1,0145	20,04	0,68	2,08	5,48	59,4	2,9 (¹)	
	15......	1,0182	17,12	2,38	0,87	2,96	68,4	3,9	
	16......	1,0167	18,60	4,03	1,60	3,00	58,2	3,4	
	17......	1,0192	19,84	2,94	2,68	3,04	70,2	3,5	
1893	18......	1,0200	18,60	2,35	0,87	3,36	70,8	3,8	
	19......	1,0213	25,36	1,46	1,02	4,16	72,6	2,8 (¹)	
	20......	1,0183	17,60	1,51	0,80	3,60	66,0	3,7	
1893	21......	1,0189	17,44	1,21	1,48	2,52	72,0	4,1	
	22......	1,0188	21,28	1,13	0,80	4,08	67,2	3,4 (¹)	
Moyenne......		1,0175	19,31	2,16	1,65	3,20	63,3	3,5	
Maximum......		1,0213	31,96	4,62	3,57	6,88	73,8	4,9	
Minimum......		1,0129	13,80	0,68	0,65	1,60	44,4	1,8	

(¹) Provient d'un vin très plâtré.

Vinaigres d'alcool

Echantillons analysés en		Densité à 15°	Extrait à 100° par litre	Sucre par litre	Tartre par litre	Cendres par litre	Acidité par litre en acide acétique	Rapport entre l'acidité et l'extrait
1891	1...	1.0082	3.00	»	»	0.80	52.2	17.4
	2...	1.0094	3.12	»	»	0.84	57.0	18.2
	3...	1.0131	5.76	traces	»	0.40	75.6	43.1
	4...	1.0109	4.16	traces	»	0.44	62.4	15.0
	5...	1.0122	5.00	traces	»	0.32	79.8	15.9
1892	6...	1.0109	3.20	traces	»	0.24	67.8	21.0
	7...	1.0111	3.12	traces	»	traces	68.4	21.0
	8...	1.0118	4.56	traces	»	0.52	70.2	15.3
	9...	1.0084	1.84	traces	»	traces	49.8	27.0
	10...	1.0092	3.60	traces	»	0.40	54.0	15.0
1893	11...	1.0087	1.64	traces	»	0.88	54.0	32.9
	12...	1.0113	3.28	traces	»	0.64	76.8	21.5
Moyenne......		1.0100	3.54	traces	»	0.45	63.4	19.4
Maximum.....		1.0131	5.76	»	»	0.88	79.8	32.9
Minimum......		1.0082	1.64	»	»	traces	49.8	13.1

Vinaigres de dattes

Echantillons analysés en	Densité à 15°	Extrait à 100° par litre	Sucre par litre	Tartre par litre	Cendres par litre	Acidité par litre en acide acétique	Rapport entre l'acidité et l'extrait
1891... { 1....	1.0190	26.80	3.20	1.25	4.72	64.20	2.30
{ 2....	1.0170	22.96	2.60	0.95	4.64	63.00	2.70
1893... 3....	1.0195	23.44	2.17	1.63	4.00	66.00	2.80
Moyenne	1.0185	24.40	2.65	1.28	4.44	64.40	2.60
Maximum	1.0195	26.88	3.20	1.63	4.72	66.00	2.80
Minimum	1.0170	22.96	2.17	0.95	4.00	63.00	2.30

Détermination de l'acidité du vinaigre.

La détermination de la quantité d'acide acétique
renfermé dans un vinaigre est l'opération la plus
importante pour l'industriel vinaigrier. C'est celle
dont il a le plus souvent besoin pour juger de la
marche de ses appareils. Or, comme il doit répéter
de nombreuses fois cette détermination, il est nécessaire qu'il possède un procédé rapide et exact pour
titrer le vinaigre fabriqué ou en cours de fabrication.

Le nombre des procédés proposés pour cette opération est considérable : nous allons les passer en
revue en nous attachant surtout à l'étude de ceux
dont l'emploi est journalier.

Le premier procédé que l'on a imaginé pour déterminer la quantité d'acide acétique renfermé dans un
vinaigre est déduit de la connaissance de la densité
de ce vinaigre. Il était, en effet, aisé de prévoir que
cette densité devait être d'autant plus élevée que le
vinaigre renfermait plus d'acide acétique. On avait
même construit sur ce principe un appareil semblable à un aréomètre de Beaumé ne portant que les
deux ou trois degrés supérieurs ; le premier était
marqué 10, le deuxième 20, etc.

Le vinaigre de vin dont la densité correspond
à 2°2 Baumé marquait à cet instrument nommé
pèse-vinaigre ou acétimètre, généralement 22°.

L'emploi de cet appareil est des plus grossiers et
ne peut donner que des résultats inexacts et incom-
plets.

La prise exacte de la densité d'un vinaigre au moyen d'un densimètre convenable semblait alors résoudre le problème, mais à la suite des travaux de Mohr, Ure, Mollerat et Oudemans on remarqua que les dilutions d'acide acétique se comportaient d'une façon particulière au point de vue de leurs densités et qu'il n'existe aucune proportionnalité entre la densité d'un vinaigre et sa teneur en acide acétique. On sait en effet maintenant que lorsque l'on mélange de l'acide acétique avec de l'eau, la densité du liquide obtenu augmente avec la quantité d'acide acétique introduit jusqu'à un certain maximum à partir duquel cette densité diminue lorsque la quantité d'acide acétique augmente. Certaines tables ont été dressées pour faire usage de cette détermination : une des plus exactes est celle due à M. C. Oudemans que nous reproduisons ci-dessous :

Table indiquant la richesse des solutions d'acide acétique d'après leur densité (Oudemans)

Acide acétique cristallisable pour cent	Densité à 15° C.	Acide acétique cristallisable pour cent	Densité à 15° C.
0	0.9992	8	1.0113
1	1.0007	9	1.0127
2	1.0022	10	1.0142
3	1.0037	11	1.0157
4	1.0052	12	1.0171
5	1.0067	13	1.0185
6	1.0083	14	1.0200
7	1.0098	15	1.0214

Acide acétique cristallisable pour cent	Densité à 15° C.	Acide acétique cristallisable pour cent	Densité à 15° C.
16	1.0228	59	1.0679
17	1.0242	60	1.0685
18	1.0256	61	1.0691
19	1.0270	62	1.0697
20	1.0284	63	1.0702
21	1.0298	64	1.0707
22	1.0311	65	1.0712
23	1.0324	66	1.0717
24	1.0337	67	1.0721
25	1.0350	68	1.0725
26	1.0363	69	1.0729
27	1.0375	70	1.0733
28	1.0388	71	1.0737
29	1.0400	72	1.0740
30	1.0412	73	1.0742
31	1.0424	74	1.0744
32	1.0436	75	1.0746
33	1.0447	76	1.0747
34	1.0459	77	1.0748
35	1.0470	78	1.0748
36	1.0481	79	1.0748
37	1.0492	80	1.0748
38	1.0502	81	1.0747
39	1.0513	82	1.0746
40	1.0523	83	1.0744
41	1.0533	84	1.0742
42	1.0543	85	1.0739
43	1.0552	86	1.0736
44	1.0562	87	1.0731
45	1.0571	88	1.0726
46	1.0580	89	1.0720
47	1.0589	90	1.0713
48	1.0598	91	1.0705
49	1.0607	92	1.0696
50	1.0615	93	1.0686
51	1.0623	94	1.0674
52	1.0631	95	1.0660
53	1.0638	97	1.0644
54	1.0646	96	1.0625
55	1.0653	98	1.0604
56	1.0660	99	1.0580
57	1.0666	100	1.0553
58	1.0673		

On voit par ce tableau combien il serait délicat de déterminer l'acidité d'un vinaigre ; si en outre on considère que tous les vinaigres renferment, indépendamment de l'acide acétique, des substances étrangères (matières colorantes, matières aromatiques et sels dissous) qui influent sur le poids spécifique, il devient évident que l'on ne doit jamais avoir recours à l'essai aréométrique pour déterminer la teneur en acide acétique d'un vinaigre ou d'un liquide en voie d'acétification et que cette détermination doit toujours être effectuée par voie acidimétrique, dont nous allons donner la description.

La méthode acidimétrique appliquée à la détermination de l'acide acétique renfermé dans un vinaigre repose sur la neutralisation de cet acide par une quantité connue d'un alcali ou d'un sel alcalin ; de la quantité d'alcali on déduit très simplement la quantité d'acide contenu dans le vinaigre.

Autrefois cette détermination se faisait dans l'industrie à l'aide d'une solution de carbonate de soude pur et sec, titrée préalablement au moyen de l'acide sulfurique déci-normal ; le réactif indicateur était la teinture de tournesol. Ce procédé a été rapidement abandonné à cause de l'action que l'acide carbonique dégagé dans la réaction exerce sur la teinture de tournesol, action qui empêche de préciser la limite de saturation.

De plus, ce mode d'essai acétimétrique ne présente pas le dégré d'exactitude qu'il semble comporter ; car les vinaigres de vin particulièrement renferment toujours soit des sels acides, soit des acides fixes qui utilisent pour se saturer une certaine quantité de solution alcaline.

A seule fin d'arriver à un résultat plus rigoureux, Lassaigne a proposé d'opérer de la manière suivante : on fait deux saturations successives avec la même liqueur alcaline titrée : l'une sur un volume connu de vinaigre, l'autre sur le résidu de l'évaporation d'un volume égal de ce même vinaigre ; la différence des deux résultats trouvés permet de calculer la teneur du vinaigre en acide acétique pur.

Cette modification qui fournit des résultats plus exacts a l'inconvénient d'augmenter la longueur de l'opération ; elle ne peut donc convenir à des essais industriels.

Après certains essais effectués, soit au moyen du carbonate de chaux, soit au moyen de litharge récemment fondue qui exige l'emploi de la balance, on est revenu à l'essai acidimétrique ordinaire par la soude caustique en employant comme indicateur la teinture de tournesol.

Ce procédé est celui de Descroizilles : cet auteur emploie une solution de soude à 31 gr. par litre, chaque centimètre cube de cette solution contient 0,031 de soude correspondant à 0,060 d'acide acétique. La technique de l'opération consiste à verser, dans un volume déterminé de vinaigre, cette solution alcaline au moyen d'une burette de Gay-Lussac. Le réactif indicateur employé est la teinture de tournesol et l'on arrête l'opération au moment où le liquide prend une teinte rouge vineux. De la quantité de liqueur alcaline on déduit la proportion d'acide acétique contenu dans la prise d'essai du vinaigre essayé ; on ramène facilement ce chiffre à la quantité pour cent de vinaigre employé. On peut également pour cette opération utiliser la phénol-phtaléine en solution alcoolique qui vire au rouge en présence d'un excès d'alcali. La solution de soude peut également être remplacée par de la potasse ou de l'ammoniaque.

Dans le cas où le vinaigre essayé est fortement coloré, la teinture de tournesol et la phénol-phtaléine sont des indicateurs incertains, il faut alors avoir recours au procédé à la touche avec le papier de tournesol.

On voit enfin que ce procédé donne l'acidité totale du vinaigre et non pas la proportion d'acide acétique qu'il renferme, certains vinaigres pouvant en effet contenir des matières empyreumatiques, des sels acides ou des acides libres qui peuvent influencer les résultats.

Dans ce cas, voici le mode opératoire qu'il convient d'employer. On neutralise l'échantillon à essayer au moyen de carbonate de soude ou de potasse et l'on soumet le traitement de cette opération à la distillation après avoir ajouté de l'acide phosphorique ; l'acide acétique distillé est recueilli dans l'eau et l'on dose alors l'acidité au moyen du procédé décrit précédemment. Cette manière d'opérer ne doit être employée que pour une détermination tout à fait précise, et sort par cela même du cadre des essais industriels.

Sur un même principe est construit le flacon-burette de M. Barbe dont l'emploi en vinaigrerie est des plus utile ; il permet en effet d'exécuter rapidement et avec précision un grand nombre d'analyses.

Cet appareil est constitué par un flacon de la capacité d'un litre environ surmonté par une burette graduée en centimètres cubes et dixièmes de centimètres cubes. A seule fin que la liqueur alcaline contenue dans le flacon ne se trouve pas constamment en contact avec l'air extérieur, un système spécial permet par insufflation de remplir la burette jusqu'au niveau 0. La prise d'essai du vinaigre étant effectuée, on fait le titrage habituel et l'opération terminée, on fait retourner l'excédent du liquide dans le flacon. Si cette prise d'essai est convenablement faite, le titre du vinaigre est directement connu par la lecture faite sur la burette.

A côté de ces procédés opératoires, existe un nouveau genre d'essai des vinaigres au point de vue de leur teneur en acétique ; pour effectuer cet essai on se sert d'appareils spéciaux connus sous le nom d'acétimètres.

L'acétimètre d'Otto est un tube de verre fermé inférieurement, long de 12 cm. et d'un diamètre de 17 millimètres. Il est gradué de la manière suivante : A la partie inférieure se trouve une capacité de 1 cc. puis un volume de 10 cc., enfin au-dessus existe une graduation telle que chaque division indique directement la teneur centésimale en acide acétique. Pour faire un essai, on remplit le premier centimètre cube avec de la teinture de tournesol, puis on verse du vinaigre pour compléter le volume des 10 cc. ; on ajoute alors avec précaution de la liqueur alcaline normale, jusqu'au moment où la couleur rouge du liquide vire au bleu. Le niveau auquel s'est arrêté le liquide indique par la graduation placée sur l'appareil la teneur du vinaigre en acide acétique.

L'acétimètre de Réveil et Salleron est assez semblable au précédent ; cette appareil est employé en France par le commerce et les octrois. Il consiste en un tube de verre gradué portant à sa partie inférieure un premier trait marqué zéro, au-dessous duquel est marqué le mot *vinaigre* et qui indique la quantité de vinaigre qu'il faut employer pour l'essai. Au-dessus du zéro sont gravées les divisions 1, 2, 3, 4, destinées à indiquer la richesse du vinaigre essayé en acide acétique monohydraté.

Pour faire un essai, on a besoin indépendamment de ce tube, de la solution dite *liqueur acétimétrique* ; cette solution titrée est ainsi préparée : on dissout 45 gr. de borax pur dans un litre d'eau ; on colore la solution en bleu par quelques gouttes de teinture de tournesol et on y ajoute 11 gr. de soude caustique ; 20 cc. de cette liqueur doivent saturer exactement 4 cc. d'acide sulfurique normal de Gay-Lussac (100 gr. d'acide sulfurique monohydraté dissous dans 1 litre d'eau distillée). On se sert de plus d'une pipette portant un seul trait marqué 4 cc. et servant a mesurer exactement la quantité de vinaigre nécessaire à chaque essai.

On prend avec la pipette 4 cc. du vinaigre à essayer qu'on laisse tomber dans l'acétimètre et l'on verse par dessus, par petites portions et en secouant le tube, de la liqueur acétimétrique, jusqu'à ce que le mélange prenne une teinte violacée uniforme, à laquelle on reconnaît que l'acide est saturé. On s'arrête alors et on lit le chiffre correspondant à la division où se trouve le niveau du liquide. Ce chiffre donne la quantité d'acide acétique pur contenu dans le vinaigre, quantité exprimée en centièmes de son volume.

L'appareil a été complété par des tableaux, établis par M. Salleron, qui contiennent imprimés sur satin les teintes caractéristiques prises par le vinaigre : 1° quand il est incomplètement saturé par la liqueur acétimétrique ; 2° quand il a reçu une addition de liqueur qui a dépassé la neutralisation ; 3° enfin la couleur type du mélange exactement neutralisé.

Analyse complète des vinaigres commerciaux

L'analyse complète d'un échantillon de vinaigre comporte trois groupes distincts d'opérations : Dosage des différents principes constitutifs du vinaigre ; recherche des falsifications ; discussion des résultats obtenus.

Dosage des différents principes constitutifs du vinaigre

Les déterminations à effectuer sont :
Détermination de la densité ;
Dosage de l'acidité totale ;
Dosage de l'alcool non transformé ;
Dosage de l'extrait ;
Dosage des cendres ;

Dosage de la crème de tartre ;

Dosage des matières réductrices.

Détermination de la densité. — La connaissance de la densité d'un vinaigre ne présente pas une importance primordiale, elle constitue une simple indication sans aucune valeur absolue.

On sait, en effet, que l'on ne peut déduire de cette détermination la teneur en acide acétique d'un vinaigre ; de plus cette densité peut varier suivant la nature et la quantité des matières extractives contenues dans le vinaigre.

Cependant de la valeur de cette densité, le chimiste peut tirer certaines conclusions intéressantes sur la nature du vinaigre examiné.

On détermine la densité d'un vinaigre en plongeant dans le liquide, maintenu à la température de 15° c., un densimètre gradué en millièmes de 1.000 à 1.030 et en lisant directement le niveau auquel affleure le densimètre.

Si la détermination est effectuée à une température supérieure à + 15° on peut faire une correction au moyen du tableau suivant.

Détermination de l'acidité totale. — Nous avons vu les procédés utilisés en vinaigrerie pour déterminer rapidement et avec l'exactitude nécessaire, la teneur d'un vinaigre en acide acétique.

On peut également employer ces différents modes d'opérations dans les analyses de vinaigre. Au Laboratoire municipal par exemple on opère de la façon suivante :

On prend exactement 10 cc. de vinaigre que l'on dilue à 100 cc. ; 10 cc. du mélange ainsi obtenu sont

Tableau indiquant la correction à effectuer pour obtenir la densité à + 15°.

Acide acétique en poids par litre.	TEMPÉRATURE						
	16°	17°	18°	19°	20°	21°	22°
40 grammes.....	0.1	0.2	0.3	0.5	0.7	1.0	1.3
50 —	0.1	0.3	0.5	0.7	0.8	1.1	1.4
60 —	0.2	0.4	0.6	0.8	0.9	1.1	1.4
70 —	0.2	0.4	0.6	0.8	1.0	1.3	1.5
80 —	0.2	0.4	0.6	0.9	1.1	1.3	1.6
90 —	0.2	0.4	0.7	1.0	1.3	1.6	1.9
100 —	0.2	0.4	0.7	1.1	1.3	1.6	1.9

placés dans un vase approprié et on titre au moyen
de la solution décime de potasse en se servant comme
indicateur de la phénol-phtaléine ; il est même préférable pour les déterminations exactes d'opérer à la
touche sur du papier tournesol sensible. Du nombre
de centimètres cubes de solution alcaline employés,
on déduit facilement la quantité d'acide acétique
contenue dans le vinaigre examiné.

Une autre méthode de dosage de l'acidité d'un
vinaigre est le procédé de Mohr, qui donne indirec-
tement la quantité totale d'acide contenu dans le
vinaigre.

Ce procédé est basé sur le principe suivant : si on
ajoute à un vinaigre quelconque un poids connu de
carbonate de baryte pur, ce carbonate est en partie
décomposé par l'acidité du liquide. L'excès de carbonate employé peut alors être dissous dans une
quantité connue mais plus que suffisante d'acide
nitrique. La détermination de l'excès d'acide nitrique employé permettra de connaitre la quantité de
carbonate de baryte utilisé pour la neutralisation
du vinaigre.

On commence par déterminer une fois pour toute
la quantité exacte d'acide nitrique nécessaire à la
décomposition d'un poids donné de carbonate de
baryte, 4 gr. par exemple. À cet effet, on place le
carbonate dans une fiole conique et on l'arrose de
10 cc. d'acide nitrique étendu de son volume d'eau ;
la réaction terminée, on dose l'excès d'acide non
employé au moyen d'une liqueur alcaline titrée.

La différence entre la quantité d'acide nitrique
mis en réaction et la quantité d'acide resté repré-

sente la proportion de cet acide qui est nécessaire pour saturer les 4 gr. de carbonate de baryte. Cette détermination effectuée, on verse alors sur 4 gr. de carbonate de baryte 20 cc. de vinaigre, on favorise la réaction en chauffant doucement, puis on recueille sur filtre le carbonate non décomposé. On lave à l'eau chaude ce précipité pour éliminer tous les sels de baryum solubles et on le dissout dans 10 cc. d'acide nitrique étendu. Lorsque la décomposition est terminée, on dose dans le liquide ainsi obtenu la quantité d'acide restant. — Comme on sait, par l'essai préalable, combien les 4 gr. de carbonate de baryte exigent de centimètres cubes d'acide nitrique pour se décomposer, la différence entre ce chiffre et le chiffre obtenu représente la quantité d'acide contenu dans le vinaigre. Ce résultat que l'on obtient ainsi en acide nitrique est transformé par le calcul en acide acétique.

On peut supprimer l'emploi de l'acide nitrique en pesant le carbonate de baryte non dissous par les 20 cc. de vinaigre ; on a ainsi par différence le poids du sel de baryum nécessaire à la neutralisation de l'acidité du vinaigre analysé.

Ces différents procédés qui sont généralement suffisants ne donnent cependant que l'acidité totale d'un vinaigre. Or, nous l'avons dit déjà, dans le vinaigre de vin, cette acidité ne provient pas seulement de l'acide acétique, mais encore de certains autres acides organiques, acides succinique, tartrique qui se trouvent dans le vin ayant servi à la préparation du vinaigre.

D'autre part, Pasteur a montré que des acides

volatils autres que l'acide acétique se formaient également pendant l'acétification des liquides alcooliques et venaient augmenter la proportion réelle d'acide acétique contenu dans le vinaigre.

Il est donc nécessaire, dans un dosage rigoureusement exact de déterminer la proportion de ces différents acides et de retrancher cette quantité de l'acidité totale ; cependant comme ce ne sont là que des opérations extrêmement rares dans l'analyse courante des vinaigres, nous n'insisterons pas plus longtemps sur les procédés employés en pareil cas.

Dosage de l'alcool non transformé. — Le dosage de l'alcool non transformé existant dans un vinaigre constitue pour le vinaigrier une opération d'une très grande utilité, car elle lui permet de se rendre compte d'une façon absolument exacte de la marche de l'acétification. Généralement, la quantité d'alcool non transformé que l'on peut trouver dans un vinaigre est minime, aussi faut-il avoir recours à des appareils très sensibles pour pouvoir déterminer avec exactitude cette proportion.

On peut, pour cette opération, utiliser les appareils spéciaux connus sous le nom d'ébullioscopes, mais en général la sensibilité de ces instruments n'est pas suffisante, aussi est-il préférable d'avoir recours à d'autres appareils plus sensibles et parmi ces derniers, un des meilleurs est le *vaporimètre* de Geissler.

Cet instrument très ingénieux est applicable aux déterminations les plus exactes de l'alcool dans toutes sortes de liquides ; comme il sert spécialement pour déterminer l'alcool contenu dans des mélanges peu riches, il convient très bien pour doser l'alcool non transformé que peut renfermer un vinaigre. Malheureusement, en raison de sa grande fragilité il n'est pas d'un emploi courant dans les vinaigreries, ce fait est regrettable car *tous* les industriels qui ont eu l'occasion de l'utiliser sont unanimes à déclarer que les résultats qu'il fournit sont de beaucoup plus exacts que ceux fournis par d'autres appareils, les ébullioscopes par exemple.

Le principe sur lequel est basé le vaporimètre de Geissler repose sur la mesure de la tension des vapeurs des liquides à essayer. La tension de la vapeur d'alcool étant de beaucoup supérieure à celle de la vapeur d'eau, il est clair qu'un mélange des deux vapeurs tiendra en équilibre une colonne de mercure, d'autant plus haute qu'il contiendra une plus forte proportion d'alcool. Des expériences spéciales ayant établi la tension des vapeurs de liquides alcooliques de richesse connue, on peut aisément construire une échelle pour la colonne de mercure qui indique immédiatement la proportion alcoolique des liquides essayés.

On conçoit facilement que le liquide soumis à l'analyse ne doit pas donner naissance à d'autres vapeurs que celle de l'eau et celle de l'alcool; il est donc nécessaire d'éliminer au préalable tous les corps étrangers pouvant donner lieu à la production de vapeurs. Dans le cas du vinaigre plus particulièrement, il faudra donc neutraliser au préalable les acides libres, l'acide acétique ayant une tension de vapeur qui n'est pas négligeable; cependant pour les essais plus rigoureux il nous paraît plus avantageux d'opérer ainsi. On prend un volume déterminé de vinaigre 100 cc. par exemple, on rend le liquide légèrement alcalin au moyen de soude ou de potasse et on distille le tout dans un appareil distillatoire quelconque en ayant soin de condenser le liquide distillé dans une éprouvette renfermant déjà une certaine quantité d'eau afin d'éviter toute cause de perte en alcool. Lorsque l'on a ainsi distillé 50 cc. de liquide environ on arrête l'opération et on complète le volume obtenu à 100 cc. On obtient une solution ne contenant que de l'eau et de l'alcool avec laquelle on peut effectuer l'essai au vaporimètre.

Ce vaporimètre se compose d'un flacon éprouvette qui, renversé, se pose hermétiquement sur le bout d'un tube doublement recourbé sur lequel est placée l'échelle. Cet ensemble se trouve placé dans une double enveloppe métallique dans laquelle peut circuler la vapeur d'eau produite par une petite chaudière inférieure ; la partie supérieure de tout l'appareil possède de plus un thermomètre très sensible gradué de 95 à 100° en dixièmes de degrés. Pour se servir de l'appareil ou remplit la petite éprouvette de mercure jusqu'à un niveau indiqué et l'on complète le volume par le liquide à essayer (dans le cas du vinaigre, on utilise le liquide provenant de la distillation mentionnée plus haut). On renverse alors l'éprouvette sur le tube coudé et l'on chauffe l'eau de la chaudière inférieure.

Sous l'influence de la température, le liquide émet des vapeurs dont la pression fait monter le niveau du mercure dans le tube coudé. Aussitôt que la température est constante l'expérience est terminée. On lit alors le niveau du mercure dans le tube coudé et l'on note la température ; au moyen d'une table convenable qui accompagne toujours l'appareil, on obtient facilement la teneur alcoolique du liquide analysé.

Dosage de l'extrait. — Le dosage de l'extrait a une grande importance dans l'analyse du vinaigre. Il permet, en effet, de se rendre compte, par des procédés que nous indiquerons plus loin, de la nature du vinaigre soumis à l'analyse.

Ce dosage s'effectue d'une manière analogue au dosage de l'extrait des vins. On mesure une certaine quantité de vinaigre, 10 cc. ou 25 cc. et on les évapore dans une capsule de platine tarée, pendant sept heures au bain-marie à 100°. Après refroidissement on pèse de nouveau. L'augmentation du poids de la capsule donne la quantité d'extrait contenu dans le volume de vinaigre évaporé.

Dosage des cendres. — Les cendres se dosent en incinérant au rouge sombre l'extrait sec, préalablement pésé et séché à 110°.

Dosage de la crème de tartre. — Ce dosage s'effectue comme pour les vins, par la méthode de Berthelot et Fleurieu ; il est spécialement utilisé pour les vinaigres de vin et de raisins secs, les vinaigres d'alcool ne renfermant pas de crème de tartre.

Ce dosage présente un réel intérêt parce que la présence de crème de tartre dans un vinaigre indique que l'on se trouve en présence d'un vinaigre contenant du vinaigre de vin ou de raisins secs.

L'opération s'effectue de la manière suivante : 25 cc. de vinaigre sont introduits dans une fiole conique de 250 cc. environ de capacité ; on leur ajoute 100 cc. d'un mélange d'alcool et d'éther à volumes égaux ; on bouche la fiole et on la porte dans un lieu frais ou elle séjourne au moins 48 heures. Au bout de ce temps on décante le liquide surnageant et on lave le résidu cristallin avec le mélange éthéro-alcoolique jusqu'à ce que les eaux de lavage ne soient plus acides.

Le filtre et son contenu sont alors introduits dans dans la fiole où s'est effectuée la précipitation et on dissout le tartre formé dans l'eau bouillante. On titre alors la solution obtenue au moyen de la potasse décime normale en se servant de la phénol-phtaléine comme indicateur. Le titrage achevé on calcule la quantité de tartre renfermé dans la prise d'essai en sachant que 1 cc. de solution alcaline correspond à 0, 01881 de bitartrate de potasse. On ajoute au résultat trouvé par litre 0 gr. 20, correspondant au tartre non précipité par le mélange éthéro-alcoolique ou entrainé dans les lavages.

Dosage des matières réductrices. — Pour le dosage des matières réductrices, il est nécessaire d'opérer sur un liquide dépourvu d'acide acétique ; à cet effet 100 cc. du vinaigre sont évaporés au bain-marie jusqu'à ce que le résidu ne fournisse plus l'odeur de l'acide acétique. Ce résidu est repris par de l'eau et le volume obtenu est complété à 110 cc. On décolore ensuite par le noir animal et on dose les matières réductrices par la liqueur de Fehling ; le résultat est calculé en glucose.

Cette opération s'effectue comme pour les vins. 10 cc. de liqueur cupropotassique sont introduits dans un ballon à fond plat de 250 cc. de capacité ; on leur ajoute quelques centimètres cubes de solution de potasse, puis 100 cc. d'eau distillée et on porte le tout à l'ébullition.

On verse alors dans ce liquide bouillant le liquide décoloré, préalablement placé dans une burette graduée. On arrête l'opération lorsque le liquide est décoloré ; sachant la teneur en glucose des 10 cc. employés on en déduit facilement la quantité de matières réductrices contenues dans un litre de vinaigre.

Par exemple si les 10 cc. de liqueur cupropotassique correspondent à 0,025 de glucose et si on a employé n centimètres cubes de vinaigre pour les décolorer on aura la quantité de sucre contenu dans 1 litre de vinaigre par la formule suivante :

$$x = \frac{0,025 \times 1.000}{n}$$

Le tableau suivant évite tout calcul (p. 232-233).

Falsifications du vinaigre

La recherche et l'étude des falsifications des vinaigres constituent une des parties les plus importantes de l'analyse de cette denrée.

De tous les vinaigres, le vinaigre de vin est celui que l'on falsifie le plus souvent. L'adultération la plus commune consiste dans l'addition d'eau ou de vinaigre de prix inférieur et notamment de vinaigre d'al-

Dosage du

Centimètres cubes	Dixièmes de			
	0	1	2	3
1	25,0	22,72	20,84	19,23
2	12,5	11,90	11,36	10,86
3	8,33	8,06	7,81	7,57
4	6,25	6,07	5,95	5,81
5	5,00	4,90	4,80	4,71
6	4,16	4,09	4,03	3,96
7	3,57	3,52	3,47	3,43
8	3,12	3,08	3,04	3,01
9	2,77	2,74	2,71	2,68
10	2,50	2,47	2,45	2,41
11	2,27	2,25	2,23	2,21
12	2,08	2,07	2,06	2,04
13	1,92	1,90	1,89	1,88
14	1,78	1,77	1,76	1,74
15	1,66	1,65	1,64	1,63
16	1,56	1,55	1,54	1,52
17	1,47	1,46	1,45	1,44
18	1,38	1,38	1,37	1,36
19	1,31	1,31	1,30	1,30
20	1,25	1,25	1,24	1,24
21	1,19	1,18	1,17	1,17
22	1,13	1,13	1,12	1,12
23	1,08	1,08	1,07	1,07
24	1,04	1,04	1,03	1,03
25	1,00	0,99	0,98	0,98
26	0,95	0,95	0,95	0,95
27	0,92	0,92	0,91	0,91
28	0,89	0,88	0,88	0,87
29	0,86	0,85	0,85	0,85
30	0,83	0,83	0,82	0,82
31	0,80	0,80	0,80	0,79
32	0,78	0,77	0,77	0,77
33	0,75	0,75	0,75	0,75
34	0,73	0,73	0,73	0,73
35	0,70	0,70	0,70	0,70
36	0,69	0,69	0,69	0,69
37	0,67	0,67	0,67	0,67
38	0,65	0,65	0,65	0,65
39	0,64	0,64	0,64	0,64
40	0,62	0,62	0,62	0,62
41	0,60	0,60	0,60	0,60
42	0,59	0,59	0,59	0,59
43	0,58	0,58	0,58	0,58
44	0,56	0,56	0,56	0,56

sucre réducteur

centimètres cubes					
4	5	6	7	8	9
17,81	16,66	15,62	14,70	13,88	13,16
10,42	10,00	9,61	9,25	8,92	8,62
7,36	7,14	6,94	6,75	6,57	6,41
5,68	5,55	5,43	5,31	5,20	5,10
4,82	4,54	4,46	4,38	4,31	4,53
3,90	3,84	3,78	3,72	3,67	3,62
3,39	3,33	3,28	3,24	3,20	3,16
2,97	2,94	2,90	2,89	2,84	2,80
2,65	2,62	2,60	2,58	2,56	2,53
2,39	2,38	2,35	2,33	2,31	2,29
2,19	2,17	2,15	2,13	2,11	2,10
2,02	2,00	1,99	1,98	1,96	1,93
1,87	1,85	1,84	1,83	1,80	1,79
1,73	1,72	1,71	1,70	1,68	1,67
1,62	1,61	1,60	1,59	1,58	1,57
1,51	1,50	1,49	1,48	1,48	1,47
1,43	1,42	1,41	1,41	1,40	1,39
1,35	1,35	1,34	1,33	1,32	1,32
1,29	1,29	1,28	1,27	1,27	1,26
1,22	1,21	1,21	1,20	1,20	1,19
1,16	1,16	1,15	1,15	1,14	1,14
1,11	1,11	1,10	1,10	1,09	1,09
1,07	1,06	1,06	1,05	1,05	1,05
1,03	1,02	1,02	1,01	1,01	1,01
0,98	0,97	0,97	0,97	0,96	0,96
0,94	0,94	0,94	0,93	0,93	0,93
0,91	0,91	0,90	0,90	0,90	0,90
0,87	0,87	0,87	0,87	0,87	0,86
0,85	0,84	0,84	0,84	0,84	0,83
0,82	0,81	0,81	0,81	0,81	0,81
0,79	0,79	0,78	0,78	0,78	0,78
0,77	0,76	0,76	0,76	0,76	0,76
0,75	0,74	0,74	0,74	0,73	0,73
0,72	0,72	0,72	0,71	0,71	0,71
0,70	0,70	0,70	0,69	0,69	0,69
0,68	0,68	0,68	0,68	0,67	0,67
0,67	0,66	0,66	0,66	0,66	0,65
0,65	0,65	0,65	0,65	0,05	0,64
0,64	0,63	0,64	0,63	0,63	0,63
0,61	0,61	0,61	0,61	0,61	0,61
0,60	0,60	0,60	0,60	0,60	0,60
0,58	0,58	0,58	0,58	0,58	0,58
0,58	0,57	0,57	0,57	0,57	0,57
0,56	0,55	0,55	0,55	0,55	0,55

cool. L'addition d'acide acétique industriel ou d'acides minéraux peut également servir à augmenter sa force, mais ce ne sont là que des fraudes excessivement rares et que les industriels n'ont pas intérêt à pratiquer. Enfin on ajoute quelquefois aux vinaigres fabriqués des principes colorés ou amers pour lui donner la couleur et l'arôme nécessaires, tels sont : le caramel et certains aromates : poivre, piment, gingembre, etc.

Mouillage. — En général le mouillage ne s'effectue pas simplement sur le vinaigre, car la fraude se découvrirait trop facilement et s'accuserait par une diminution des chiffres d'acide acétique, d'extrait de la crème de tartre et des cendres trouvés. Aussi on adjoint à cette première sophistication l'addition de vinaigre étranger et surtout de vinaigre d'alcool. Dans ce cas le mouillage peut échapper à l'analyse mais on se trouve alors en présence d'un mélange de vinaigre de vin et de vinaigre étranger dont nous parlons plus loin.

Recherche des acides minéraux libres. — L'addition d'acides minéraux dans le vinaigre n'est que très rarement employée ; au siècle dernier elle constituait, au contraire, une falsification courante et si, de nos jours, elle est moins fréquente, on doit l'attribuer aux poursuites nombreuses entreprises contre les fraudeurs, ainsi qu'à la surveillance spéciale et continue à laquelle sont soumis les fabricants et les marchands de vinaigres.

Les principaux acides employés pour cette adultération étaient : l'acide sulfurique, l'acide chlorhydrique et l'acide nitrique.

Pour rechercher l'acide sulfurique on peut utiliser la réaction que donne cet acide avec les sels de baryum solubles. Si on ajoute à du vinaigre pur un sel de baryum soluble il se produit généralement un louche léger dû à la présence d'une certaine quantité de sulfate ; si, au contraire, on obtient un précipité notable, il y a lieu de soupçonner la présence d'acide sulfurique libre.

Pour le rechercher avec plus de certitude on évapore au bain-marie 50 cc. de vinaigre jusqu'à consistance sirupeuse, on épuise le résidu ainsi obtenu par 50 cc. environ d'alcool absolu, et après avoir ajouté 50 cc. d'eau distillée on élimine l'alcool par distillation. On laisse refroidir le liquide qui contient alors tout l'acide sulfurique libre à l'exclusion des sulfates qui n'ont pas été dissous par l'alcool absolu. C'est sur cette solution que l'on effectue la précipitation par le sel de baryum soluble.

M. Runge propose, pour rechercher cet acide sulfurique, d'opérer de la façon suivante : on évapore au bain-marie presque jusqu'à siccité 30 ou 40 cc de vinaigre et on y fait tomber un petit morceau de sucre de canne qui noircit immédiatement en présence d'acide sulfurique.

Bœttger reconnaît la présence de l'acide sulfurique dans un vinaigre au précipité de sulfate de chaux obtenu par chauffage du vinaigre falsifié avec une solution saturée de chlorure de calcium. Ce précipité se forme encore plus facilement par refroidissement.

La recherche de l'acide chlorhydrique est basée sur la réaction que donne cet acide avec le nitrate d'argent ; dans cette recherche, il convient d'opérer sur le liquide obtenu par la distillation d'une certaine quantité de vinaigre.

Enfin la recherche de l'acide nitrique, dont l'emploi est des plus rares, s'effectue par les procédés habituellement employés en analyse ; décoloration du sulfate d'indigo, formation de vapeurs nitreuses, etc.

A côté de ces recherches un peu spéciales, il peut être utile de se rendre compte d'une façon générale si un vinaigre renferme ou ne renferme pas d'acides minéraux.

Plusieurs réactions ont été proposées à cet effet. Une des plus courantes est celle qui est basée sur l'action des acides minéraux sur le violet de méthylaniline qui devient vert en présence de ces acides tandis que les acides organiques, l'acide acétique en particulier, ne modifient pas cette couleur. L'essai se fait sur 20 cc. de vinaigre que l'on introduit dans un tube à essai et auxquels on ajoute quelques gouttes d'une solution de violet de méthylaniline (violet de Paris) à 0,01 0/0.

Le *rouge Congo* peut également servir à cette recherche : cette matière colorante vire au bleu par les acides minéraux. Cependant de tous les procédés employés le plus courant est celui imaginé par M. Payen ; ce procédé est basé sur l'action des acides libres sur l'amidon. On sait en effet que l'amidon est susceptible de se saccharifier par l'action des acides minéraux étendus, les acides organiques, au contraire, n'ayant aucune action. Si donc on fait bouillir le vinaigre essayé avec une quantité déterminée d'amidon et si on dose dans le liquide obtenu les matières

sucrées on trouvera une augmentation des matières
recherchées dans le cas où le vinaigre renfermait des
acides minéraux.

Recherche du caramel. — Cette recherche ne présente
pas un grand intérêt car ce colorant ne constitue pas
à proprement dire une falsification.

Deux méthodes sont généralement recommandées
pour cette recherche : 1° l'action réductrice du caramel sur la liqueur de Fehling ; 2° la précipitation de
la matière colorante par la paraldéhyde.

MM. Crampton et Simons n'ayant pas trouvé dans
ces procédés toute la satisfaction désirable, ils recommandent le procédé suivant :

Si l'on agite un vinaigre coloré naturellement avec
de la terre à foulon, la matière colorante n'est que
très légèrement modifiée, tandis qu'au contraire le
même liquide, coloré artificiellement avec du caramel, abandonne à la terre à foulon la majeure partie
de sa coloration. Si, par conséquent, on compare,
avant et après le traitement au colorimètre, ce liquide
coloré, on peut déterminer avec beaucoup d'exactitude la matière colorante. La marche d'un essai est
la suivante : 35 gr. de terre à foulon sont ajoutés à
50 cc. du liquide à essayer ; le mélange est placé dans
une fiole bouchée, et, après agitation, on laisse en
contact pendant au moins une heure ; puis on filtre.
On examine ensuite au colorimètre. Un second examen,
sur le liquide tel quel, permet de se rendre compte
de la proportion de matière colorante absorbée. On
peut aussi comparer les résultats avec un liquide
type coloré naturellement.

Cet essai, appliqué au vinaigre de cidre, donne

les mêmes résultats que ceux énoncés précédemment, c'est-à-dire que, lorsqu'il est traité par la terre à foulon, sa couleur naturelle n'est presque pas influencée, tandis que, si on l'additionne de caramel et qu'on le traite ensuite par la terre, sa coloration additionnelle disparaît et la couleur primitive reste seule. De l'acide acétique, amené avec de l'eau à la concentration du vinaigre ordinaire et coloré également avec du caramel, puis traité par la terre à foulon, est entièrement décoloré ou ne possède plus qu'une très légère coloration.

Recherche de l'alcool dénaturé dans un vinaigre d'alcool. — Le vinaigre d'alcool doit toujours être préparé avec de l'alcool bon goût ; cependant certains fabricants peu consciencieux ont souvent tenté d'employer comme matière première de l'alcool dénaturé qui constituait la totalité ou une partie du moût à acétifier. Il y a dans cette pratique une fraude qui est d'une très grande importance et qu'il faut supprimer radicalement. En effet, à côté du point de vue hygiénique il y a les intérêts fiscaux qui se trouvent lésés et qui à eux seuls entraînent déjà une répression.

L'alcool dénaturé n'est pas soumis aux droits d'entrée dans le but de favoriser certaines industrie l'utilisant, mais afin de ne pas en permettre l'emploi, en particulier pour les usages culinaires, on lui fait subir une modification qui le rend impropre à cet usage : cette *dénaturation* s'effectue au moyen d'un mélange d'acétone et d'alcool méthylique ajoutés en quantités convenables.

Pour caractériser l'alcool dénaturé dans un vinaigre donné, il faudra donc rechercher dans ce vinai-

gre la présence de l'acétone ou de l'alcool méthylique. Ces deux corps n'existeront selon toute vraisem-
blance qu'à l'état de trace car pendant le phénomène
de la fermentation ils auront été en grande partie
transformés en produits divers, ou auront été volatilisés.

La recherche de l'acétone ne peut donner dans ce
cas que des résultats incertains ou tout au moins in-
complets. Le procédé habituel de recherche consiste
en effet à transformer cet acétone en iodoforme par
l'action de l'iode et des alcalis, cette réaction n'est
pas spéciale à l'acétone et l'on sait que l'aldéhyde et
l'alcool peuvent donner naissance à de l'iodoforme ; il
en résulte que la formation de ce produit n'explique pas, *a fortiori*, la présence d'acétone dans le
vinaigre examiné.

Bien plus exacte est au contraire la recherche de
l'alcool méthylique. Deux procédés peuvent être utilisés pour effectuer cette recherche : le procédé de
MM. Riche et Bardy et le procédé de M. Trillat.
Tous les deux donnent d'excellents résultats, cependant, d'après certaines expériences personnelles le
procédé de M. Trillat nous paraît être d'un emploi
beaucoup plus certain pour la recherche de quantités
d'alcool méthylique aussi faibles que celles qui peuvent exister dans un vinaigre préparé avec de l'alcool
dénaturé.

La méthode de MM. Riche et Bardy repose sur la
transformation de l'alcool méthylique en méthyl-
mine et la transformation par oxydation de cette
base en une matière colorante le violet de méthylamine (violet de Paris). L'alcool éthylique, au con-

traire traité dans ces conditions donne naissance à une couleur acajou et cette différence permet facilement la caractérisation de l'alcool méthylique même en présence d'alcool éthylique.

Dans le cas d'un vinaigre, voici comment il convient d'opérer. — On soumet à la distillation un volume de liquide assez important et le produit obtenu est de nouveau rectifié par une distillation fractionnée ; en opérant lentement on arrive à concentrer dans les 3 ou 4 premiers centimètres cubes la faible quantité d'alcool méthylique que peut renfermer le vinaigre. — Le liquide ainsi obtenu est traité par l'iode et le phosphore et les éthers iodhydriques formés sont recueillis par distillation. On transforme ces éthers en leurs sels d'amines correspondantes au moyen de l'aniline ; on obtient alors un mélange de cristaux d'iodure de méthylamine et d'éthylamine ; ces cristaux traités par un alcali mettent la base en liberté. Les bases obtenues sont oxydées par le mélange d'Hofmann (100 parties de sables, 2 parties de chlorure de sodium et 3 parties de nitrate de cuivre). L'oxydation terminée, on lessive le produit de la réaction qui donne lieu, dans le cas de la présence d'alcool méthylique, à une coloration bleue d'autant plus intense que la proportion d'alcool méthylique renfermée dans le vinaigre était plus considérable.

On peut comparer l'intensité de la teinte avec celle obtenue au moyen de quantités d'alcool méthylique connues et calculer approximativement la teneur en alcool méthylique.

Le procédé de M. Trillat consiste à condenser avec

de la diméthylaniline les produits d'oxydation des
deux alcools méthylique et éthylique : les bases obtenues sont de nouveau oxydées, on a ainsi des produits de propriétés différentes qui permettent de différencier les deux alcools.

Sans entrer dans les détails complets de ce procédé
(Voir Trillat, *Revue de Chimie Industrielle*, août 1838,
janvier 1999, juin 1899), nous allons indiquer
comment il convient d'utiliser cette méthode pour
la recherche de l'alcool méthylique dans un vinaigre.
On prend un volume de vinaigre assez considérable
(250 cc. env.) et on neutralise son acidité par de la
chaux en poudre. On soumet ensuite à la distillation
fractionnée en ne recueillant que les 20 à 25 premiers
centimètres cubes. Le liquide ainsi obtenu est additionné de 70 cc. d'acide sulfurique au 1/5 et on complète le volume à 150 cc. environ. On oxyde alors ce
liquide, en lui ajoutant 30 gr. de bichromate de potasse pulvérisé et on abandonne le tout pendant une
heure. A ce moment, on distille on rejette les premières portions et on continue l'opération jusqu'à ce
que le volume du liquide distillé soit de 100 cc. La
condensation avec la diméthylaniline s'effectue dans un
flacon bouché et chauffé au bain-marie pendant 3 à 4
heures à la température de 70-80° : 50 cc. du liquide
précédemment obtenu sont additionnés de 1 cc. de
dimétylaniline soigneusement rectifiée (précaution
nécessaire) et l'on chauffe comme il vient d'être dit
en agitant trois ou quatre fois. L'opération terminée
on chasse l'excès de diméthylaniline par la vapeur
d'eau après avoir rendu le liquide franchement alcalin.

Si dans le liquide ainsi séparé de la diméthylaniline on ajoute de l'acide acétique pour le rendre acide et une petite quantité de bioxyde de plomb en suspension dans l'eau, il se forme aussitôt une coloration bleue si le liquide primitif essayé contenait de l'alcool méthylique. Néanmoins pour plus d'exactitude M. Trillat recommande de soumettre le liquide à l'ébullition avant de faire l'observation de la coloration car les autres réactions colorées qui pourraient être produites accidentellement sont détruites par la chaleur, tandis que celle produite par l'alcool méthylique augmente d'intensité.

Comme cette intensité est proportionnelle à la quantité d'alcool méthylique on peut le doser en comparant la couleur avec celles obtenues au moyen de solutions d'alcool méthylique de titres connus.

Recherche des vinaigres étrangers dans le vinaigre de vin — Cette recherche constitue la partie la plus délicate de l'analyse. En effet l'addition d'un vinaigre étranger au vinaigre de vin est l'adultération la plus fréquente et cette opération est naturellement assez délicate à constater.

C'est généralement le vinaigre d'alcool que l'on emploie à cet effet, comme ce produit ne peut être décélé par aucun caractère particulier, il faut donc avoir recours à des considérations spéciales pour affirmer la présence de ce vinaigre d'alcool.

On sait que dans un vin naturel il existe un rapport déterminé entre le poids de l'alcool et celui de l'extrait ; pour les vins rouges la valeur de ce rapport est fixée au maximum à 4,5 avec une tolérance de 1/10 en plus ; pour les vins blancs ce chiffre est également fixé à 6,5.

On conçoit donc aisément qu'un vinaigre fabriqué avec un vin naturel devra de même accuser un rapport déterminé entre le poids non plus de l'alcool, mais de l'acide auquel cet alcool a donné naissance et le poids de l'extrait du vinaigre.

Les vins rouges ainsi que les vins blancs servant indifféremment à la fabrication du vinaigre, la valeur de ce rapport sera assez variable puisque dans ces vins le rapport de l'alcool à l'extrait atteint le maximum de 4,5 pour les vins rouges et de 6,5 pour les vins blancs. Ces chiffres donnent, pour le rapport acide-extrait des vinaigres correspondants, les valeurs de 5,64 pour les vinaigres de vins rouges et 7,98 pour les vinaigres de vins blancs (1).

Il en résulte qu'un vinaigre de vin ne pourra être déclaré contenant un vinaigre étranger que lorsque la valeur du rapport acide-extrait sera supérieure à la valeur maxima de ce rapport, c'est-à-dire supérieure à 7,98.

Pratiquement il est loin d'en être ainsi. Le Laboratoire municipal de la Ville de Paris admet comme limite supérieure 4,9 avec une tolérance de 1/10 en plus ; passé cette valeur on pourra, dit ce laboratoire, conclure à une addition de vinaigre d'alcool.

Pour arriver à ce résultat il faut admettre que dans un vin normal les poids de l'alcool et de l'extrait sont, entre eux, comme 4 est à 1, ce qui donne pour le rapport acide-extrait qui en résulte la valeur de 4,9.

(1) Ces chiffres s'obtiennent en multipliant les précédent par 1.228.

Ce chiffre est certainement très discutable car il est courant dans l'analyse des vins d'admettre pour un vin rouge normal non pas le chiffre 4 comme valeur de ce rapport, mais le chiffre 4,5 ; quant aux vins blancs cette valeur peut atteindre le maximum de 6,5.

Les conclusions basées sur la valeur de ce rapport sont donc en défaut lorsque le vinaigre aura été fabriqué soit au moyen d'un vin rouge dont le rapport alcool-extrait sera de 4,5 ou bien encore lorsque ce vinaigre aura été produit par du vin blanc, ce qui est très fréquent.

Cette question est si importante qu'elle fut l'objet de la part d'un fabricant de vinaigre d'une plainte adressée à M. le ministre de l'Intérieur. Se référant aux conclusions adoptées par le Laboratoire municipal, cet industriel fit remarquer, avec juste raison, qu'il était dans bien des cas impossible de certifier dans un vinaigre de vin déterminé la présence d'un vinaigre étranger par la seule connaissance du rapport acide-extrait puisque, suivant la nature du vin ayant servi à la fabrication, ce rapport pouvait déjà présenter une valeur supérieure à celle fixée comme étant le maximum. Le Conseil d'Hygiène publique et de Salubrité de la Seine fut saisi de la question et nous publions plus loin le rapport déposé à ce sujet par M. le Professeur Riche.

M. C..., fabricant de vinaigre à Paris, a adressé à M. le ministre de l'Intérieur une réclamation sur l'essai des vinaigres de vin, tel qu'il est pratiqué, dit-il, par le Laboratoire municipal de Chimie de Paris. Cette plainte transmise par la Préfecture au Conseil d'Hygiène.

Le pétitionnaire base sa réclamation sur une instruction pratique pour l'analyse des vins, formulée par le Comité consultatif des Arts et Manufactures, qui est appliquée dans les laboratoires des douanes, des contributions indirectes et des commissaires-experts du ministère du Commerce.

Voici les termes de cette instruction en ce qui a trait au vinaigre, seul en cause dans l'affaire présente :

« 1° *Vins rouges*. — L'expérience a démontré que, dans les vins de vendange naturels ; il existe un rapport déterminé entre le poids de l'extrait sec et celui de l'alcool.

« Le poids de l'alcool est, au maximum, quatre fois et demie celui de l'extrait. Lorsque ce rapport est dépassé avec une tolérance de un dixième en plus, soit 4,6, on doit conclure au vinage ;

« 2° *Vins blancs*. — Pour les vins de cette nature, le rapport maximum est fixé à 6,5. ».

Le pétitionnaire déclare que le Laboratoire municipal, et avec lui, un certain nombre d'experts près les tribunaux, continuent à admettre que le rapport du poids de l'alcool au poids de l'extrait ne doit pas dépasser 4, tant dans les vins blancs que dans les vins rouges ; ce qui les conduit à admettre, comme rapport maximum de l'acide à l'extrait pour les vinaigres, le chiffre de 4, 9 et à conclure à la falsification lorsque ce rapport est dépassé.

M. le Chef du Laboratoire répond que cette règle a été établie pour empêcher les fraudeurs d'entrer en France des vins vinés à 5° et 6° ; que, dans ce but, on a choisi les chiffres les plus élevés du rapport alcool-extrait dans les vins naturels, quitte à laisser passer des vins faiblement vinés pour servir de base à la perception des douanes.

Il ajoute ce qui suit :

« Du reste, le Laboratoire tient compte bien plus de la proportion réelle de l'extrait, du tartre, des cendres, des matières réductrices et même de l'acide succinique que de ce rapport de l'alcool ou de l'acide à l'extrait, et, pour les vinaigres, ce rapport n'est indiqué dans nos analyses que comme un moyen propre pour le tribunal à graduer la peine suivant l'intensité de la falsification ; car nous ne considérons pas les vinaigres, plus que les vins comme créés d'après les règles absolues, mais comme formant chacun une espèce.

« Multipliant les dosages élémentaires jusqu'à ce que notre conviction soit arrêtée, laissant passer des vinaigres que nous sommes fondés à croire normalement faits, même si le rapport, acide-extrait dépasse 5, etc... »

Nous avons tenu à donner les termes mêmes dont s'est servi M. le Directeur du Laboratoire municipal, parce qu'ils établissent nettement — contrairement aux affirmations de M. C. — que le Laboratoire municipal est loin de se servir exclusivement du rapport acide-extrait pour avoir la preuve qu'un vinaigre est ou n'est pas additionné de vinaigre d'alcool.

Ce rapport ne constitue qu'un élément d'appréciation qui sert à corroborer les dosages des principes du vinaigre, — extrait, cendres, tartre, matières réductrices, etc... — dosage qui sont la base de la conclusion du Laboratoire.

Ce point important établi, examinons la question en elle-même.

Le vinaigre d'alcool fait au vinaigre de vin une concurrence telle que, depuis 1875, on fabrique à Orléans même, centre principal de la vinaigrerie de vin, une proportion de vinaigre d'alcool qui dépasse celle du vinaigre de vin.

Depuis 1877-1878, on y livre commercialement des vinaigres mixtes, constitués, moitié avec du vinaigre de vin, moitié avec du vinaigre d'alcool.

Le vinaigre de vin qui valait de 20 à 26 francs les 120 à 125 litres en 1824, dont le prix suit le cours du vin, est coté maintenant, suivant les années, 25 à 35 francs l'hectolitre.

Le vinaigre mixte se vend 15 à 17 francs.

Le vinaigre d'alcool est successivement descendu de 12 à 13 francs, jusqu'à 6 et 7 francs, et aujourd'hui il a suivi la baisse des alcools au point de ne valoir que 4 à 5 francs.

Les quantités de matières premières mises en œuvre annuellement en France dans les vinaigreries s'élèvent.

```
Pour les vins,    à.........   48.500 hectolitres
  —      bières, à.........    1.300     —
  —      cidres, à.........      500     —
```

Quant aux dilutions alcooliques, elles ne représentent pas moins de 54.000 hectolitres d'alcool pur, soit 540.000 hectolitres de dilution à 10 %.

La quantité de vinaigre fabriqué se monte à 627.000 hectolitres environ, représentant 5.500.000 kilos d'acide acétique.

La consommation se chiffre par 590.000 hectolitres, contenant en moyenne 8 0/0 d'acide acétique.

D'après ces données, la fabrication des vinaigres de vin, bière et cidre, n'entrerait pas pour un douzième dans la fabrication générale.

Tous les vinaigres payent le même droit, 5 francs par hectolitre. D'après le projet de loi sur les boissons, il y aurait deux catégories, le vinaigre de vin qui paierait 1 franc et le vinaigre d'alcool qu'on surchargeait d'une taxe de 10 à 12 francs.

L'emploi, devenu à peu près général, des coupages de vin pour la consommation courante, la facilité des transports, l'invasion des vins étrangers et algériens, l'extension désastreuse des nombreuses maladies du raisin et du vin ont profondément modifié les conditions économiques des industries viticoles.

Tels vins, comme ceux du Centre, autrefois délaissés par la consommation en raison de la petitesse de la qualité, de la faiblesse du degré, de la difficulté de conservation, alimentaient la vinaigrerie. Ces vins sont aujourd'hui très achalandés pour les coupages des gros vins du Midi, d'Espagne, d'Algérie. Les vins de l'Orléanais ont acquis des prix trop rémunérateurs pour être acétifiés, et même certains vins blancs font prime sur le marché pour la fabrication des Champagne.

L'interdiction du plâtrage, à plus de deux grammes, a jeté une grande perturbation dans la fabrication des vins du Midi de la France, d'Espagne, d'Algérie, de Tunisie, parce qu'il faut des soins extrêmes pour éviter leur altération ; des quantités considérables de vins de ces régions, indemnes autrefois, sont frappées de diverses maladies ; — fleurs de vin, ferment acétique, ferment de la tourne, de la pousse, de l'amer, etc. — et avant que l'altération soit totale ils sont expédiés à la vinaigrerie.

Comme le dit très justement M. Quantin, directeur de la Station agronomique du Loiret, « le vin pour la vinaigrerie commence là où finit le vin de table. Les vins sont envoyés à la vinaigrerie lorsqu'un défaut d'équilibre entre leurs éléments constituants les prédispose aux maladies. C'est généralement à l'apparition de l'acescence, de la tourne, de la pousse que l'on se hâte d'envoyer les vins compromis au vinaigrier après avoir tenté parfois l'emploi de remèdes qui subsistent quelquefois dans le vinaigre produit ».

L'auteur fait allusion, dans ces derniers mots, à une pratique malheureusement assez commune, qu'on nomme le dépiquage. Dans les vins piqués et mildiousés les acides augmentent aux dépens de la crème de tartre ; on les soumet alors, pour saturer l'acide en excès, à l'action du tartrate neutre de potasse, de la craie ou du carbonate de soude, et lorsque ce traitement échoue, on se hâte de les changer en vinaigre ; ceux-ci contiennent, par conséquent, des sels de potasse, de chaux ou de soude en proportions anormales.

Il s'est établi dans les environs des grandes villes, aux portes de Paris par exemple, des vinaigreries de vin et d'alcool et c'est là surtout que la fabrication est alimentée par les vins que l'on n'est pas arrivé à faire consommer directement.

Les vinaigres obtenus avec des vins mildiousés et tournés ne paraissent pas acquérir des propriétés nuisibles ; de tous temps, d'ailleurs, on a préparé le vinaigre dans les campagnes avec le résidu des tonneaux et le vin piqué.

Néanmoins, ils ne possèdent pas la saveur et l'arôme du vinaigre produit avec de petits vins en nature, droits de goût. D'autre part, s'opposer à l'emploi des vins en voie d'altération pour fabriquer le vinaigre serait enlever au vigneron sa seule ressource lorsque le mildew, ou une autre maladie a envahi sa vigne ou son vin.

J'ai cherché à me renseigner par l'analyse sur la composition actuelle des vinaigres.

Le tableau suivant résume mes résultats :

On voit que les vinaigres de vin essayés se tiennent dans de bonnes limites, mais le nombre des analyses est trop restreint pour qu'on puisse en tirer une conclusion générale. Les vinaigres d'alcool pris à Orléans, semblent contenir du vinaigre de vin car on y trouve jusqu'à 9 grammes d'extrait et 1 gr. 52 de tartre ; il est vrai d'ajouter que pour nourrir le ferment on ajoute à l'alcool un peu de vin, souvent du vin de raisin sec, même de la mélasse.

Il est à ma connaissance que des vins français mildiousés titrant 8° et contenant 12 grammes d'extrait, ont dû être envoyés à la vinaigrerie. Or, le rapport alcool-extrait de ce vin était 5,3 : ce qui correspond à 6,5 pour le rapport acide-extrait dans le vinaigre formé. On m'a cité l'exemple d'un mélange de vin d'Espagne tourné et d'un vin nantais mildiousé, transformé en vinaigre. L'ensemble titrait 9° et l'extrait était de 11 gr. 5, ce qui a dû donner un vinaigre dans lequel le rapport acide-extrait était de 7,8.

	Acidité en acide acétique 0/0	Extrait à 100°	Tartre	Cendres	Matières réductrices	Rapport acide extrait
	gr.	gr.	gr.	gr.	gr.	gr.
Vinaigre de vin pris à Orléans d'origine authentique.	53.2	15.8	2.45	2.30	4.70	3.3
Vinaigre pris à Orléans, alcool et vin	59.4	10.4	1.98	1.60	3.60	5.7
Vinaigre déclaré d'alcool (Orléans)	62.8	4.7	1.05	0.80	2.16	13.3
Vinaigre déclaré d'alcool (Orléans)	57.2	9.1	1.52	1.40	6.42	6.2
Vinaigre à 1 fr. le litre acheté à Paris garanti Orléans.	63.9	14.1	2.07	2.9	5.86	4.5
Vinaigre à 0 fr. 80 même maison	63.4	15.1	1.89	2.6	5.09	4.2
Vinaigre à 0 fr. 60 même maison	50.5	2.5	1.04	0.4	1.22	20.0
Vinaigre de vin (pris autre maison)	61.3	16.8	2.80	3.3	3.75	3.7

En conséquence, il n'est plus exact de considérer le vinaigre, dit d'Orléans, comme exclusivement préparé avec de petits vins du Centre titrant 7° à 10° et contenant 14 à 17 grammes d'extrait. Et comme aucun règlement n'a établi que, dans le vin servant à la vinaigrerie, le rapport de l'alcool à l'extrait ne doit pas dépasser 4, on n'est pas fondé à exiger que, dans le vinaigre de vin, le rapport de l'acide à l'extrait ne soit pas supérieur à 4,9, qui correspond au rapport 4 dans le vin producteur de ce vinaigre.

C'est surtout dans les vins des pays méridionaux que le rapport de l'alcool à l'extrait est élevé. Néanmoins, le fait se rencontre aussi dans les vins de certains départements plus au Nord, celui de l'Yonne par exemple.

Le rapport 6,5 n'est donc pas un maximum sans exception pour les vins blancs, pas plus que celui de 4,6 pour les vins rouges, et, par suite, les rapports qu'on en déduit pour l'acide-extrait, soit 7,98 pour les vinaigres blancs et 5,64 (1) pour les vinaigres rouges, ne présentent pas davantage de certitude.

Il est presque impossible d'établir l'état signalétique d'un vinaigre, parce qu'il est généralement formé par des mélanges de vins divers et que l'acétification se fait peu à peu dans des tonneaux où il reste du vin, à demi acétifié, plus ou moins ancien.

(1) Ces chiffres se déduisent des précédents en les multipliant par 1, 228. Ce n'est qu'une approximation reposant sur les données suivantes : on admet que 100 en poids d'alcool donnent 130 d'acide acétique, qu'il y a perte de 10 0/0 de l'extrait et de 15 0/0 de l'acide acétique formé, par évaporation, actions secondaires, pertes diverses.

D'autre part, et surtout, le vinaigre provient de vins
en cours d'altération ; cette altération est plus ou
moins profonde et, suivant sa nature, elle modifie
très différemment le rapport acide-extrait.

Certains ferments, le *mycoderma aceti*, n'attei-
gnent que l'alcool et le changent simplement en acide
acétique. D'autres, comme le ferment de la tourne,
s'attaquent à la crême de tartre en produisant de
l'acide propionique, etc..., il existe même diverses
sortes de tournes, car on a signalé, au moins, un
micrococcus et six à sept espèces de bacilles dans les
vins tournés.

M. Gayon a établi que dans les vins mildiousés,
l'extrait est diminué et l'acidité augmentée ; que la
crème de tartre disparaît ; que l'alcool n'est, pour
ainsi dire, pas touché.

Le rapport acide-extrait est profondément modifié,
puisque l'extrait peut diminuer de plusieurs grammes
et l'acidité croître d'autant ; l'expert qui se confierait
à ce rapport serait induit en erreur.

On remarquera que, dans cette circonstance, l'établissement du maximum ne serait pas avantageux
pour le fabricant puisque le rapport acide-extrait
s'élève notablement ; or, elle se présente fréquemment, parce que la tourne et le mildiousage sont les
maladies les plus ordinaires des vins envoyés à la
vinaigrerie.

Il y a lieu d'insister aussi sur ce point que personne n'a le droit d'imposer des règles aux experts
près les tribunaux, ils ne dépendent que de leur
conscience. Ce sont des chimistes trop exercés pour

que après avoir dosé les principes constitutifs du
vinaigre, ils ne calculent pas le rapport de l'acide à
l'extrait et n'apprécient pas à sa juste valeur l'importance de ce renseignement.

En résumé, je n'aperçois aucune raison de fixer un
rapport maximum infranchissable entre l'acide et
l'extrait. Il y a même lieu d'être surpris que le commerce formule une pareille demande, lorsqu'on se
rappelle les reproches cruels qu'il adressait, il y a
quelques années, au Laboratoire municipal, de n'avoir
qu'un même mode d'appréciation pour des produits
aussi différents que le sont les vins.

Je prévois, au contraire, un sérieux inconvénient
dans l'établissement de ce maximum. Cela revient,
en définitive, à créer un type légal pour le vinaigre
de vin, type défini par des proportions déterminées
d'alcool et d'extrait auxquelles on ramènera tous les
vins par des additions d'alcool et d'eau, qui permettra, en toute impunité, aux fraudeurs de mêler au
vinaigre de vin du vinaigre d'alcool qu'on prépare à
un titre plus élevé et qui est d'un prix infiniment
moindre.

Le Conseil d'hygiène a admis avec M. Riche les
conclusions suivantes :

« Il n'y a pas lieu de fixer pour les vinaigres des
vins soit blancs, soit rouges, un rapport maximum
entre le poids de l'acide acétique et celui de l'extrait
sec, comme le demande le pétitionnaire ».

Sur ce sujet encore nous ne saurions mieux faire
que de citer le passage suivant du remarquable

ouvrage de MM. Villiers et Collin, le *Traité des Altérations et Falsifications des Substances alimentaires* :

« De même, le poids de l'extrait est du même ordre que celui d'un vin de degré alcoolique correspondant. On admet en général que l'extrait ne diminue que dans une faible proportion pendant l'acétification et que cette diminution est de 10 p. 100. Si l'on tient compte en même temps de la perte qui se produit par la transformation de l'alcool en acide acétique, et si on l'évalue à 15 p. 100, on trouve, pour les poids d'acide acétique et d'extrait contenus dans des vinaigres préparés avec des vins de 6 à 12°, les résultats suivants qui sont calculés en supposant que le rapport de l'alcool à l'extrait soit égal à 4,5 pour les vins rouges et à 6,5 pour les vins blancs.

Titre alcoolique du vin	Acide acétique par litre de vinaigre	Poids minimum de l'extrait à 100°, par litre de vinaigre	
		Vinaigres de vin rouge	Vinaigres de vin blanc
6°	52 gr. 63	9,53	6,59
7°	61 » 40	11,12	7,69
8°	70 » 17	12,71	8,78
9°	78 » 94	14,30	9,88
10°	87 » 71	15,88	10,98
11°	96 » 49	17,47	12,08
12°	105 » 26	19,06	13,18
Rapport maximum de l'acide acétique à l'extrait à 100° par litre de vinaigre		5,52	7,99

« Nous ajouterons que ce minimum pour l'extrait

et ce maximum pour le rapport de l'acide acétique
à l'extrait, sont atteints très rarement ; un vinaigre
de vin normal donne presque toujours un poids d'extrait notablement supérieur, et un rapport de l'acide
acétique à l'extrait moins élevé.

« Les minima indiqués pour les vinaigres de vins
blancs ne sont pas applicables aux vinaigres préparés
avec les vins de raisins secs, dont l'extrait est au
moins aussi considérable que celui des vins rouges.

« Si le rapport de l'acide acétique à l'extrait est
supérieur à ces limites, et si, en même temps, on ne
trouve qu'une faible proportion de crème de tartre,
on aura l'indication très probable d'une addition de
vinaigre d'alcool.

« Il peut se présenter cependant une difficulté qui
ne permet pas toujours de conclure avec certitude à
une addition de vinaigre d'alcool. Lorsque l'on a
trouvé des poids de crème de tartre et d'extrait inférieurs aux limites précédentes, et un rapport de
l'acide acétique à l'extrait supérieur à ces limites, le
fabricant de vinaigre en donne souvent une explication plausible et qui même est vraie quelquefois. Les
vins qui sont envoyés dans les vinaigreries sont souvent piqués, ou altérés par l'action des ferments et le
degré d'altération qu'ils ont éprouvé est tel qu'on ne
pourrait les utiliser pour être consommés en nature,
même après les avoir coupés par d'autres vins.

« Si l'altération de ces vins n'est qu'un commen-
cement d'acétification, dû simplement à l'action du
ferment acétique, leur utilisation dans les vinaigreries ne présente naturellement aucun inconvénient ;
ils fourniront un vinaigre présentant une composi-

tion normale. Mais il n'en est pas de même si, en l'absence ou en présence du ferment acétique, d'autres ferments que ce dernier sont intervenus. Nous avons vu qu'ils déterminent une modification profonde dans la composition du vin. Sous l'influence du *Mycoderma vini*, par exemple, une grande proportion des matières extractives peut être détruite et le poids de l'extrait réduit d'un quart, ou d'un tiers. C'est surtout la crème de tartre qui disparaît le plus vite et l'on finit même par n'en presque plus trouver, si le ferment a agi pendant longtemps et avec le concours de l'air.

« Il est donc certain qu'un vinaigre fabriqué avec un vin altéré pourra contenir peu d'extrait et surtout peu de crème de tartre ; un tel vinaigre ne sera guère différent à l'analyse, d'un vinaigre de vin additionné d'un vinaigre d'alcool. L'expert devra donc être prudent dans ses conclusions, mais s'il ne lui est pas toujours possible d'affirmer une addition de vinaigre d'alcool, lorsque les résultats obtenus ne démontrent pas cette addition d'une manière évidente, il pourra toujours conclure que, si le vinaigre ne contient pas de vinaigre d'alcool, il a été fabriqué avec un vin profondément altéré.

« Il nous semble que, dans l'un ou l'autre cas, il n'y en a pas moins tromperie sur la nature de la marchandise. Un vinaigre préparé avec un liquide qui n'a plus du vin que le nom, et dont la composition a été complètement modifiée par les ferments de maladie, ne doit pas avoir plus de droit à la dénomination de vinaigre de vin que le vinaigre d'alcool, à moins qu'on ne complète cette dénomination et qu'on ne le mette en vente sous le nom de *vinaigre de vin fabriqué avec un vin impropre à la boisson*. Bien plus, un vinaigre d'alcool bien préparé, ou un vinaigre de bois bien purifié, présente sur un pareil produit, une supériorité incontestable, car s'il ne contient pas, comme du reste celui-ci, les substances qui constituent le bouquet recherché dans le vinaigre de vin, il ne renferme pas du moins les produits d'altération du vin, qui ont une saveur et une odeur plus ou moins désagréables.

« Dans tous les cas, le rôle du chimiste doit se borner à indiquer les deux hypothèses auxquelles conduisent les résultats de l'analyse. C'est aux tribunaux à apprécier si un vinaigre fabriqué avec un vin profondément altéré doit être mis en vente sous le nom de vinaigre de vin. Ils peuvent aussi exiger que la preuve soit faite de l'entrée dans les vinaigreries de vins altérés, faire établir les comptes d'entrée et de sortie de l'alcool et du vinaigre d'alcool, toutes choses en dehors de la compétence de l'expert chimiste.

« Les vinaigres préparés avec des vins vinés, ou avec des vins de sucre, donnent les mêmes résultats que les mélanges de vinaigre de vin et de vinaigre d'alcool.

« Une addition, ou une substitution de vinaigre de glucose, sera caractérisée par la forte proportion des matières réductrices par rapport à l'extrait, par la présence de la dextrine, et le plus souvent du sulfate de chaux. »

D'autre part, voici comment s'exprime M. Jorissen, professeur à l'Université de Liège dans le *Journal de Pharmacie de Liège*, 1896 :

« A la suite d'une discussion sur les caractères auxquels on peut reconnaître le vinaigre de vin pur, une autorité en matière d'analyse des matières alimentaires, M. le professeur Hilger, de l'Université d'Erlangen, déclarait, en 1885, que dans l'état des connaissances acquises jusqu'alors, on ne pouvait se prononcer catégoriquement sur l'origine d'un vinaigre (1).

Depuis lors, l'étude des caractères du vinaigre de vin n'a guère fourni de données plus concluantes, et en 1886, Eckenrodt (2) soutenait encore qu'il n'existe pas de caractères absolus de la pureté du vinaigre de vin.

Ce praticien avait analysé une série d'échantillons de vinaigres de vins d'une origine non douteuse et avait constaté pour les échantillons en question une pesanteur spécifique variant de 1,0116 à 1,0147 et une teneur en extrait de 0,35 à 1,54 0/0.

Ces vinaigres ne renfermaient que fort peu ou point d'alcool, avec des traces de glycérine. D'après l'auteur, il n'est pas possible de préciser, au sujet du rapport existant entre ce produit et l'acide acétique. L'extrait dégageait une odeur aromatique rappelant celle du vin et possédait une saveur douceâtre et acidule en même temps.

La richesse moyenne en acide acétique était de

(1) Bericht über die vierte Versammlung der freien Vereinigung Bayrischer Vertreter der angewandten Chemie zu Nuremberg. Berlin, Springer, 1886, p. 10.
(2) Pharmacent. Zeitung, 34.

6 0/0. Les échantillons contenaient du tartrate acide
de potassium ; la proportion des cendres dépassait
rarement 0,25 0/0, et ces cendres renfermaient des
phosphates, des chlorures, des sulfates de potassium,
de sodium, de calcium, de magnésium, etc.

Dans le volume de l'*Encyclopédie chimique* de Fré-
my, intitulé : *Analyse des denrées alimentaires et recherches de leurs falsifications*, M. Sanglé-Ferrière
publie les résultats fournis par l'analyse d'échantillons de vinaigre de vin examinés au laboratoire municipal de Paris et calculant le rapport existant entre
la teneur en extrait et en acide acétique de ces vinaigres, il indique comme maximum 4,9 et comme
minimum 1,8, différence considérable comme on le
voit. Cet auteur a cru pouvoir faire imprimer la
phrase suivante (1) : « Lorsqu'un vinaigre suspect
aura un rapport supérieur à ce nombre (4,9), avec
une tolérance de 1/10 en plus, on pourra *(sic)* conclure à une addition de vinaigre d'alcool. » Les résultats obtenus par Eckenrodt, qui a analysé un
échantillon de vinaigre de vin pur donnant 0,35 0/0
d'extrait seulement, et ceux que mentionne M. le
professeur Theunis, de Louvain (2) n'autorisent nullement à adopter l'appréciation de M. Sanglé-Ferrière. »

M. Theunis nous apprend, en effet, que dix échantillons de vinaigre de vin examinés par lui avaient
une teneur en extrait variant de 8 gr. 35 à 18 gr. 80

(1) Pages 249 et 250.
(2) Documents sur la constitution normale des principales
denrées alimentaires et boissons usitées en Belgique, publiés
par le Conseil supérieur d'hygiène publique. Bruxelles, 1895
p. 103.

par litre, avec une richesse en acide acétique comprise entre 41 et 85 gr. par litre.

Si nous calculons le rapport existant entre l'extrait et l'acide acétique des différents échantillons en question, nous obtenons des chiffres variant de 3,83 à 8,94.

Une note de M. Bilteryst, insérée dans le *Bulletin du service d'inspection des denrées alimentaires* (1), mentionne, du reste, le chiffre de 6.50 pour ce rapport.

Comme on le voit, nous voilà loin des conclusions de M. Sanglé-Ferrière, et la vérité est que nous possédons actuellement trop peu de documents analytiques sur ce point pour exposer à des condamnations des débitants coupables d'avoir mis en vente des vinaigres de vin dont la teneur en acide acétique et en extrait ne répond pas aux données par trop discordantes publiées sur ce sujet.

Les auteurs accordent avec raison, selon nous, une grande importance à la constatation de la présence du tartrate acide de potassium dans les vinaigres débités comme vinaigres de vin.

Nous disons à la constatation de la présence et non au dosage, car, encore une fois, les statistiques montrent que la quantité de tartrate acide de potassium existant dans les vinaigres de vin est fort sujette à variation. C'est ainsi notamment que parmi les échantillons qu'il a examinés, M. Theunis en signale un qui ne renfermait que des traces de ce produit, et l'on doit admettre *a priori* que les vinai-

(1) 1893, p. 292.

gres fabriqués au moyen de vins plâtrés seront, en général, pauvres en crème de tartre.

S'il faut en croire un spécialiste distingué, M. le Dʳ Kayser, de Nuremberg (1), il pourrait même arriver que le tartrate acide de potassium disparut entièrement dans certains cas.

Tout chimiste de bonne foi reconnaîtra que, dans ces conditions, la question de savoir si un échantillon donné doit être considéré comme constituant du vinaigre de vin est parfois grosse de difficultés ; *a fortiori*, devient-il extrêmement difficile de reconnaître les vinaigres dits de vins vinés.

On prétend, en Belgique, pouvoir distinguer le vinaigre de vin pur du vinaigre de vin mélangé d'alcool. Il nous semble qu'avant de soutenir une telle opinion, on aurait dû se rappeler que la matière première au moyen de laquelle le vinaigre de vin est fabriqué, c'est-à-dire le vin, présente une composition très variable, et que souvent il n'est pas possible de dire si un échantillon donné est du vin naturel ou un produit artificiel. Et l'on voudrait pouvoir toujours se prononcer sur la nature d'un liquide qui n'est autre chose que ce même vin plus ou moins modifié dans sa composition qualitative et quantitative par diverses manipulations et surtout par la fermentation acétique dont personne ne saurait encore préciser exactement l'influence sur la constitution qualitative et quantitative du vin !

Comme nous l'avons vu, on semble disposé chez

(1) Bericht über die vierte Versammlung der freien Vereinigung Bayerischer Vertreter der angewandten Chemie zu Nuremberg, Berlin, Springer, 1886, p. 10.

nous à adopter, pour l'analyse du vinaigre de vin,
les principes du laboratoire municipal de Paris, dont
les spécialistes connaissent cependant les appréciations trop souvent hasardées.

A ce propos, nous tenons à reproduire textuellement à cette place les phrases que M. Sanglé-
Ferrière a fait imprimer au sujet du vinaigre de
vin (1) :

« *Si l'on admet* que, dans un vin normal, les poids
« de l'alcool et de l'extrait sont entre eux comme 4
« est à 1, et si l'on tient compte d'une part de la
« perte de 10 0/0 qu'éprouve l'extrait pendant l'acé-
« tification, et d'autre part du poids d'acide acétique
« produit par l'alcool, qui est théoriquement de
« 130 gr. pour 100 d'alcool, mais qui est diminué
« dans la pratique de 15 0/0, on obtiendra le tableau
« suivant donnant pour chaque degré d'alcool le
« poids d'acide acétique produit et l'extrait qui doit
« y correspondre (suit le tableau). Si on détermine
« le rapport existant entre l'acide acétique formé
« et l'extrait, on verra que ce rapport est égal à 4,9.

« Lorsqu'un vinaigre suspect aura un rapport su-
« périeur à ce nombre, avec une tolérance de 1/10
« en plus, *on pourra* conclure à une addition de vi-
« naigre d'alcool. »

Comme nous l'avons fait remarquer, M. Bilteryst
a proposé de porter ce chiffre de 5 environ à 6,50,
ce qui montre déjà la valeur des conclusions de
M. Sanglé-Ferrière. Voyons si cette correction doit
être acceptée par les analystes.

(1) Girard et Dupré, *Analyse des matières alimentaires et
recherche de leurs falsifications*, p. 259.

Disons tout d'abord que, pour justifier son affirmation, M. Sanglé-Ferrière suppose que le vin destiné à la fabrication du vinaigre renferme l'alcool et l'extrait dans le rapport de 4 à 1 en poids (1).

D'après Würtz le vin à acidifier ne doit pas renfermer sensiblement plus de 10 0/0 d'alcool en volume, et nous lisons ce qui suit dans le *Précis de chimie industrielle* de Payen :

« Les vins récemment fabriqués s'acédifient plus
« difficilement que les vins vieux; ils retiennent trop
« de matière sucrée. Les vins pauvres en alcool fer
« mentent plus rapidement, mais ils donnent des
« vinaigres faibles. *Les vins des contrées méridionales,*
« *qui sont très alcooliques, ont besoin, pour faciliter leur*
« *acétification, d'être étendus avec de l'eau, ou mieux*
« *avec des vins faibles.* »

Si nous ajoutons à ces observations que d'habitude on ne fabrique pas le vinaigre avec des vins de première qualité, mais souvent avec des vins déjà plus ou moins acides, c'est-à-dire dont la composition est fort sujette à variations, on reconnaîtra que l'appréciation de M. Sanglé-Ferrière ne s'applique guère qu'à certains vinaigres d'Orléans, et encore.

Mais on ne fabrique pas du vinaigre de vin en France seulement. On en fait aussi en Belgique et en Allemagne.

(1) Il suffit de consulter les tableaux dans lesquels Koenig renseigne sur la composition des divers vins pour reconnaître que cette supposition n'est applicable qu'à un assez petit nombre d'échantillons de vins. Certains vins espagnols renferment, en effet, à côté de 15, 16, 17 et 18 0/0 d'alcool, 2, 3, 4 0/0 d'extrait.

Les analyses de M. Theunis que nous avons rap-
portées montrent que le rapport de M. Sanglé-Ferrière, pas plus que celui de M. Bilteryst, ne se véri-
fie pour les vinaigres de vin débités en Belgique. Il
s'applique bien moins encore aux vinaigres de vin
allemands.

Nous avons déjà mentionné à cet égard les chiffres
obtenus par Eckenrodt, mais si nous notons au sujet
de la composition des vinaigres de vin allemands
purs, les chiffres rapportés dans la publication qui
constitue en quelque sorte l'évangile du chimiste
s'occupant de l'analyse des denrées alimentaires,
c'est-à-dire dans le grand ouvrage de Kœnig (1), nous
trouverons des indications plus édifiantes, si c'est
possible.

Kœnig mentionne la composition de cinq échantillons de vinaigre de vin authentiques, échantillons
analysés par Kœnig et Krauch, Weigmann, Frésénius et Lables, et sur ces cinq échantillons quatre
font exception aux règles formulées par M. Sanglé-
Ferrière et même par M. Bilteryst, pour ce qui concerne le rapport de l'extrait à l'acidité.

Voici les indications relatives à ces quatre échantillons :

I

Poids spécifique....   1.008
Acide acétique.....   5,37   0/0
Extrait...........   0,466   »
Cendres...........   0,1117 »

---

(1) Zuzammenzetzung der menschlichen Nahrungs und
Genussmittel, t. I, page 1000.

II. — *Reiner Weinessig (vinaigre de vin pur).*

Poids spécifique.... 1.0143
Acide acétique..... 7,79   0/0
Extrait............ 0,863   »
Cendres........... 0.118   »

IV. — *Reiner Weinessig aus Meiniker Wein (vinaigre de vin pur).*

Acide acétique..... 4,63 0/0
Extrait............ 0,47   »

V. — *Reiner Weinessig (fabriqué au moyen de vin autrichien).*

Poids spécifique.... 1.009
Acide acétique..... 4,82 0/0
Extrait............ 0,38   »

Et nunc erudimini ! Le rapport proposé par M. Bilteryst est dépassé sensiblement pour quatre échantillons sur cinq !

Avons-nous eu raison de protester, à l'Association des Chimistes, contre la réglementation sur les vinaigres et de mettre en garde contre des appréciations basées sur des documents insuffisants ?

Mais, il y a plus : les tableaux de Kœnig nous montrent encore qu'en adoptant le rapport 6,50 on s'expose, dans certains cas, à considérer comme purs des vinaigres qui ne sont que des mélanges.

Nous trouvons, en effet, dans ces tableaux des résultats analytiques obtenus par Weigmann et par Frésénius et fournis par des mélanges d'esprit de vinaigre et de vinaigre de vin.

Voici les chiffres :

I

Poids spécifique....	1.0107	
Acide acétique.....	6,83	0/0
Crème de tartre....	0,028	»
Extrait............	0,647	»
Cendres...........	0,088	»

II

Acide acétique.....	7,29	0/0
Crème de tartre....	0,037	»
Extrait............	1,29	»

Soit, pour ce dernier échantillon, un rapport de 1 à 5,651. — Inutile, croyons-nous, d'insister davantage.

Quant au caractère tiré de l'examen au polarimètre, nous croyons qu'il convient d'attendre de nombreuses observations avant de se prononcer. Il ne faut pas perdre de vue, en effet, que les divers vinaigres sont fabriqués au moyen de produits qui renferment parfois plusieurs substances agissant sur la lumière polarisée et dont la présence dans les vinaigres pourrait donner lieu à des erreurs d'appréciation. »

Nous devons à l'obligeance de M. H. Quantin, chef du Laboratoire départemental du Loiret, son auteur la communication du remarquable rapport que l'on va lire, *Sur l'insuffisance des méthodes actuellement employées pour la recherche du vinaigre d'alcool*, nous croyons devoir le publier en matières de conclusion :

« Le vinaigre de vin n'a pas échappé plus que les autres matières alimentaires aux falsifications les plus variées ; parmi celles-ci, la plus inoffensive au point de vue hygiénique, mais aussi la plus fréquente, consiste dans l'addition au vinaigre de vin d'une certaine proportion de vinaigre d'alcool.

« En dehors du bouquet spécial que présente le vinaigre de vin, celui-ci se distingue du vinaigre d'alcool par la richesse relative en extrait sec et en crème de tartre, qui font défaut dans le vinaigre d'alcool.

« Ce caractère différencie nettement le vinaigre de vin authentique du vinaigre d'alcool pur ; mais quand on se trouve en présence d'un mélange des deux sortes de vinaigre, la constatation de l'addition de vinaigre d'alcool devient singulièrement incertaine en raison du peu de fixité de la composition des vinaigres de vin. Au premier abord, il semblerait naturel de conclure de la diminution simultanée de la richesse en extrait sec et en tartre que le vinaigre suspect renferme du vinaigre d'alcool ; mais cette diminution pourrait aussi bien résulter d'une addition d'eau à un vinaigre riche en acide acétique ; l'addition de vinaigre d'alcool abaisse le taux de l'extrait sec et du tartre sans modifier sensiblement la teneur du vinaigre en acide acétique ; aussi le rapport de l'acidité à l'extrait, que n'influence pas le mouillage, s'élève-t il par l'addition du vinaigre d'alcool.

« Il semblerait ressortir des documents publiés par MM. Girard et Dupré que pour les vinaigres de vin analysés au Laboratoire municipal de Paris de 1890 à 1893, le rapport de l'acide acétique à l'extrait n'a jamais dépassé 4,9 alors que pour les vinaigres d'alcool, ce rapport a toujours été supérieur à 13.

« M. Girard a cru trouver dans le rapport, 4,9 un criterium permettant de constater la présence du vinaigre d'alcool dans le vinaigre de vin : l'objet de la présente note est d'établir que le chiffre de 4,9 n'est nullement la valeur maximum que puisse atteindre le rapport en question et ne peut-être admis plus longtemps dans les expertises légales.

« Nous montrerons tout d'abord que rien n'est plus élémentaire que de fabriquer sans vin ni vinaigre de vin, un produit présentant à l'analyse les caractères et le rapport 4,9 des vinaigres de vin pus ou soi-disant tels : en ce faisant, nous ne provoquonr nullement à la fraude, car il y a un peu partout, depuis longtemps, des fabricants sans préjugés qui préparent de la sorte du vinaigre pur vin d'Orléans.

« Prenons, par exemple, un vin de raisin sec fabriqué à Marseillan et présentant la composition suivante d'après une analyse faite au Laboratoire municipal de Paris :

Alcool..............	7° 6
Extrait sec..........	31 gr. 30
Acidité.............	7 39
Cendres............	3 80
Tartre.............	4

« Coupons-le par moitié avec une dilution alcoolique à 7°6, le mélange présentera la composition suivante :

Alcool..............	7° 6
Extrait sec..........	15 gr. 65
Acidité.............	3 69
Tartre.............	2 40
Cendres............	1 90

« Transformons ce vin en vinaigre.

« D'après M. Ch. Girard, 15 0/0 de l'alcool sont perdus pendant l'acétification et l'extrait sec subit une diminution de 10 0/0.

« Le vinaigre produit renfermera d'après ces données :

67 gr. 18 d'acide acétique provenant de 51 gr. 68 d'alcool et 14 gr. 09 d'extrait sec.

« A l'analyse, en raison de l'acidité préexistante du vin, on trouvera sensiblement 70 gr. d'acide acétique et le rapport de l'acide à l'extrait sera compris entre 4,9 et 5, c'est-à-dire exactement celui qui est censé caractériser les vinaigres de vins purs. Ce vinaigre, entièrement artificiel, sera donc considéré comme vinaigre pur vin, et ni la proportion de tartre, ni celle des cendres ne viendra infirmer cette conclusion erronée ; si l'on s'en rapporte en effet aux tableaux dans lesquels sont consignés les résultats des analyses de vinaigres de vins effectuées au Laboratoire municipal de Paris, on voit que les chiffres minima d'extrait, de tartre et de cendres sont de 13 gr. 80 — 0 gr. 65 — 1 gr. 60,

alors que les mêmes chiffres pour le vinaigre artificiel sont respectivement : 14 gr. 09 — 1 gr. 80 à 2 gr. — 1 gr. 90.

« Autre exemple :

Soit un vin nantais renfermant 5° d'alcool, soit 40 grammes par litre, et 23 gr. d'extrait sec dont 2 gr. de tartre (cette sorte de vin est beaucoup employée) ; transformons-le en vinaigre ; d'après les données de M. Ch. Girard, il fournira 44 gr. 02 d'acide acétique et l'extrait sera d'environ 20 gr. 7.

« Mélangeons à ce vinaigre faible de vin nantais 50 0/0 de vinaigre d'alcool fort présentant la composition suivante :

        Acide acétique.........   80 gr.
        Extrait sec   3

« Le vinaigre ainsi obtenu renfermera 50 0/0 de vinaigre d'alcool ; sa teneur en acide acétique sera de :

62 gr., dont 22 gr. provenant du vin, 40 gr. provenant du vinaigre d'alcool.

« Quant à l'extrait, son poids sera de :

14 gr., dont 12 gr. 50 proviennent du vin, 1 gr. 58 proviennent du vinaigre d'alcool

le rapport sera ici 4,43 et comme il reste 1 gr. de

tartre, ce vinaigre à 50 0/0 de vinaigre d'alcool présente la composition d'un vinaigre de vin pur.

« En vain prétendrait-on trouver dans un vinaigre de vin de raisins secs des réactions caractéristiques, celles-ci sont aussi incertaines pour le vinaigre que pour le vin lui-même.

« Mais il ne suffit pas de montrer combien il est facile de fabriquer artificiellement un vinaigre présentant à l'analyse la composition d'un vinaigre de vin authentique, il nous reste à développer un point beaucoup plus important, à montrer qu'un grand nombre de vinaigres de vin ne présentent pas le rapport 4,9 que prétentent lui assigner les chimistes du Laboratoire municipal de Paris : non que nous prétendions que le rapport 4,9 soit une exception ; nous ne le considérons ni comme une exception ni comme une limite. Pour traiter la question en toute impartialité, nous citons textuellement dans les lignes qui suivent les passages de l'ouvrage de MM. Girard et Dupré qui intéressent la discussion ; les chimistes du Laboratoire municipal prétendent caractériser l'addition du vinaigre d'alcool ou vinaigre de vin à l'aide des considérations suivantes :

« Si l'on admet que dans un vin normal les poids
« de l'alcool et de l'extrait soient entre eux comme
« 4 est à 1, et si on tient compte d'autre part de la
« perte de 10 0/0 qu'éprouve l'extrait pendant l'acé-
« tification, et d'autre part, du poids d'acide acéti-
« que produit par l'alcool qui est théoriquement de
130 gr. pour 100 gr. d'alcool, mais qui est diminué
dans la pratique de 15 0/0, on obtiendra le tableau

« suivant, donnant pour chaque degré d'alcool le
« poids d'acide acétique produit et *l'extrait qui doit*
« *y correspondre.*

Titre alcoolique des vins p. 100 en volume	Acide acétique en poids par litre		Extrait à 100° par litre de vinaigre	
6°	53 gr. 15		10 gr. 8	
7°	62	11	12	6
8°	71	05	14	4
9°	80		16	2
10°	88	95	18	
11°	98	01	19	8
12°	107	07	21	6

« Si on détermine le rapport existant entre l'acide
« acétique et l'extrait, on verra que ce rapport est
« égal à 4,9 ; lorsqu'un vinaigre suspect *aura un rap-*
« *port supérieur à ce nombre* avec tolérance de 1/10 en
« plus, *on pourra conclure* à une addition de vinaigre
« d'alcool ».

« Ces données sont aussi claires qu'arbitraires ;
mais pourquoi admettre que dans un vin normal les
poids de l'alcool et de l'extrait sont entre eux comme
4 et 1 ?...

« Ce rapport est une moyenne approchée pour les
vins rouges, mais ceux-ci sont très rarement employés en vinaigrerie ; à Orléans, on ne fabrique pas
un hectolitre de vinaigre rouge contre cent hectolitres de blanc ; si l'on croit pouvoir fixer un maximum
au rapport de l'acide acétique à l'extrait des vinaigres de vin, il faut prendre pour base non le rapport

moyen de l'alcool à l'extrait dans les vins rouges, mais bien le maximum de ce rapport observé sur des vins blancs naturels. Or, d'après les tableaux de MM. Girard et Dupré, ce rapport oscille entre le chiffre de 4,6 obtenu sur 7 vins du département de Loir-et-Cher et le maximum 9,5, calculé sur 45 vins de l'Hérault ; les auteurs nous présentent ces chiffres comme déterminés sur des vins naturels ; nous serions en droit de prendre pour base le chiffre de 9,5, mais il ne faut pas oublier qu'à côté des données du Laboratoire municipal de Paris il y a celles du Comité consultatif des arts et manufactures dont l'application a été rendue obligatoire dans les laboratoires officiels par une circulaire du ministre du Commerce ; sans vouloir rechercher pourquoi le Laboratoire municipal de Paris ne s'est pas conformé aux instructions ministérielles, nous croyons devoir faire remarquer en passant à quelles regrettables divergences d'appréciations conduit inévitablement l'emploi de données différentes.

« Prenons donc pour base non plus le chiffre 4 de M. Girard, mais le chiffre 6,5 du Comité consultatif qui est certainement, de l'avis de tous les œnologues, le plus rapproché de la vérité, bien que certains, et les tableaux du Laboratoire municipal en fournissent de nombreux exemples, prétendent qu'il existe des vins naturels dans lesquels ce rapport est dépassé (1) :

---

(1) MM. *Riche* et *Armand Gautier* consultés par nous à ce sujet ont bien voulu nous déclarer que le chiffre de 6,5 était parfois dépassé même par des vins français.

Soient n° le titre alcoolique d'un vin blanc ;

   P le poids d'alcool par litre correspondant ;

   E le poids de l'extrait ;

 PE sera le rapport de l'alcool à l'extrait.

 « Pendant l'acétification, 15 0/0 de l'alcool sont perdus, ou, ce qui revient au même, 85 0/0 seulement sont transformés en acide acétique à raison de 130 d'acide pour 100 d'alcool ; le poids d'acide acétique produit est donc :

$$\frac{85\,P}{100} \times \frac{130}{100} = P \times 1.105$$

 « L'extrait sec se réduit aux 9/10 de son poids primitif ; il est donc égal à :

$$\frac{9\,E}{10}$$

 « Le rapport de l'acide acétique à l'extrait sera donc :

$$\frac{P \times 1.105}{\dfrac{9E}{10}} \qquad 1.228\,\frac{P}{E}$$

 « En d'autres termes, on calculera, en appliquant les données de M. Girard, le rapport de l'acide acétique à l'extrait en multipliant le rapport alcool-extrait du vin mis en œuvre par le coefficient 1,228 ; par suite, un vin présentant le rapport 6,5 fournira un vinaigre dans lequel le rapport de l'acide acétique à l'extrait sera de 7,98 ou 8 en chiffre rond.

 « Mais ce n'est pas tout : il sufüt de jeter un coup

d'œil sur le tableau de la page 249 du livre de
MM. Girard et Dupré, pour voir que ces auteurs rai-
sonnent sur une simple dilution alcoolique et non
sur du vin ; ils se placent, pour établir des données
relatives au vinaigre de vin, dans des hypothèses
s'appliquant au vinaigre d'alcool ; ils établissent, en
effet, un rapport entre l'acide acétique et l'extrait,
sans tenir compte de ce fait, que dans un vin, l'extrait est constitué en grande partie par des substances à réaction acide, dont l'acidité vient s'ajouter
dans les dosages à celle de l'acide acétique, et est
comptée en bloc avec celle-ci :

« Un exemple fera mieux saisir notre critique :
soit un vin à 7° d'alcool ; en admettant les données de
M. Girard relatives à l'acétification, ce vin fournira
62 gr. 11 d'acide acétique, mais tel ne sera pas le
chiffre que fournira le dosage de l'acidité ; ce vin à
7° renferme une proportion d'acide que, pour fixer
les idées, nous prendrons égale à 6 gr. ; (1) admettons
que 10 0/0 de ces acides disparaissent pendant l'acétification ; l'acidité sulfurique qui subsistera dans le
vinaigre, du fait de la présence de ces acides, sera
de 5 gr. 4, et, calculée en acide acétique, de 6 gr. 6 ;
ce n'est donc plus 62 gr. 11, mais 62 gr. 11 + 6,6
ou 68 gr. 67 que donnera l'analyse.

« Ce vin à 7° d'alcool peut renfermer 8 gr. 7 d'extrait sec ; en admettant qu'il présente le rapport
alcool extrait, égal à 6,5, ce qui est très admissible
d'après les données de MM. de Luynes, Riche et

____

(1) Ce chiffre est une moyenne pour les vins de la Loire-
Inférieure très employés en vinaigrerie.

Armand Gautier (Comité consultatif des arts et manufactures), l'extrait sec du vinaigre sera de 7 gr. environ, et le rapport de l'acide acétique à l'extrait deviendra :

$$\frac{68,16}{7} = 9,7$$

« On voit par là quelle influence exerce sur ce rapport l'acidité propre du vin ; de 7,98, il passe dans ce cas à 9,7. Que peut-on attendre d'un rapport sujet à des variations pareilles ?

« Dans un procès récent, trois experts, dont deux jouissent d'une très grande notoriété, ont fourni pour un même échantillon les résultats suivants :

	1er expert		2e expert		3e expert	
Acide acétique.....	69 gr.	60	77 gr.	30	76 gr.	28
Extrait sec.	6	08	8	85	8	10
Rapport ...	11	40	8	07	9	40

« Ainsi, sans insister sur les discordances analytiques qui existent entre les résultats obtenus par le premier expert et les deux autres, en ne prenant pour notre thèse que les analyses pratiquement concordantes qui ont donné pour l'acide acétique 77 gr. 30 et 76 gr. 28, pour l'extrait 8,85 et 8,10, on voit que le rapport calculé d'après ces données dont les écarts sont insignifiants, diffère de 1,33 d'un expert à l'autre.

« Alors que M. Gérard fixe l'écart admissible à 1/10, soit 0 gr. 49, l'écart se montre à 3,3 entre le premier expert et le second qui reconnaît dans son rapport que les deux échantillons *proviennent de la même cuve*. Ainsi, le maximum du rapport est compris entre 4,9 et 5,4 d'après M. Girard, et deux analystes d'une incontestable notoriété, peuvent différer de 3,3 dans leur évaluation de ce rapport, ce qui constitue un modeste écart de 60 0/0 pour deux échantillons puisés à la même cuve, et présentant, selon l'expression de l'un des analystes, la plus *frappante analogie*.

« Ainsi, même entre deux analyses pratiquement concordantes, le rapport de l'acide acétique à l'extrait subit, pour des différences analytiques rentrant dans les limites de précision des méthodes, des variations qui lui enlèvent toute signification. Nous croyons avoir suffisamment établi que le rapport 4,9 est en réalité sans valeur pour déceler l'addition de vinaigre d'alcool au vinaigre de vin. Nous proposons de le rejeter définitivement mais sans le remplacer, car, à supposer qu'on adapte le chiffre 8, la même objection peut être présentée à l'occasion contre ce nouveau rapport

« D'autres points sont encore à relever dans les données sur lesquelles s'appuie M. Girard. Dans une leçon célèbre faite à Orléans même, Pasteur a dit formellement ceci : *Un degré d'alcool doit faire très sensiblement un degré d'acide acétique ; un vin qui renferme 6, 7, 8 0/0 d'alcool, doit donner un vinaigre à 6, 7, 8 0/0 d'acide acétique* ».

« M. Girard dit au contraire : 6, 7, 8 0/0 d'alcool donnent 5,3, 6,2 et 7,1 d'acide acétique.

« Les fabricants orléanais estiment que les données de Pasteur sont plus conformes à la réalité, et, de fait, si l'on se reporte au calcul à l'aide duquel nous avons déterminé l'acidité acétique d'un vinaigre à produire, on voit qu'en employant à ce calcul les chiffres de M. Girard lui-même et en tenant compte de l'acidité propre du vin qu'il néglige, on voit qu'un vin à 7° donnera 6,9 d'acidité acétique.

« Une autre raison qui milite contre la fixation d'un rapport maximum entre l'acide acétique et l'extrait est la suivante : tout perfectionnement ayant pour effet de réduire la déperdition de l'alcool que M. Girard évalue à 15 0/0, aura pour résultat de relever encore le rapport de l'acide acétique à l'extrait ; si la déperdition était par exemple réduite de moitié, un vin à 7° donnerait non plus 62 gr. 11, mais bien 66 gr. 97 d'acide acétique, et l'acidité totale serait non plus 62,11 + 6,6, mais 73 gr. 62, et le rapport de l'acide à l'extrait passerait de 9,7 à 10,5.

« En résumé, on voit combien les données du Laboratoire municipal de Paris relatives aux caractères analytiques du vinaigre de vin sont contestables, impuissantes contre les fraudeurs de métier et dangereuses pour les fabricants qui emploient une matière première aussi variable que le vin.

Il est nécessaire de reprendre sur des bases nouvelles l'étude des caractères analytiques des vinaigres, et l'on ne saurait mieux faire que de saisir de la question le Comité consultatif des arts et manufactures ; en attendant, on peut se demander dans quelle voie il convient de chercher la solution du problème abordé sans succès par le

Laboratoire municipal ; évidemment il serait désirable de pouvoir reconnaître directement la présence du vinaigre d'alcool dans le vinaigre de vin ; mais il serait possible d'arriver au même résultat par l'introduction dans l'alcool destiné à la fabrication d'une dose infime d'un produit susceptible d'être décélé sans difficulté et en même temps inoffensif ; la phénolphtaléine à la dose de 1/2 gramme par hectolitre remplirait parfaitement le but ; et l'intervention obligatoire des employés de la régie dans les opérations préliminaires de la mise en œuvre, permettrait de s'assurer si l'addition du réactif a eu lieu. Cinq à six milligrammes de phénolphtaléine par litre ne sauraient avoir aucun inconvénient au point de vue hygiénique.

TABLE DES MATIÈRES

Introduction... 1

Première Partie — Généralités

Chap. I. — Vinaigre.— Acide acétique.— Propriétés
        générales... 5
Chap. II. — Origines chimiques de l'acide acétique. 16

Deuxième Partie — Fermentation acétique et Vinaigres de fermentation

Chap. III. — Fermentation acétique................ 21
Chap. IV. — Choix des liquides pour la fabrication
        du Vinaigre..................................... 42
Chap. V. — Procédés de production du Vinaigre
        par fermentation acétique.................. 52
        Méthode d'Orléans........................ 53
        Méthode Pasteur. — Appareil Claudon. 70
        Procédé allemand, dit rapide........... 86
        Méthode et appareil anglais............ 143
        Procédé Barbe............................. 148
        Méthodes nouvelles....................... 156
        Procédé d'Orléans rapide, Agobet, Bris-
        sand, Villon.............................. 163
        Appareils à plateaux, Singer, Bersch.. 174
        Méthodes chimiques, Mousse de pla-
        tine, Ozone............................... 182
Chap. VI. — Examen du produit fabriqué — Pro-
        priétés, traitement, conservation
        emmagasinage............................. 199
Chap. VII. — Essai et analyse du Vinaigre......... 205
        Falsifications............................. 224

LAVAL. — Imprimerie parisienne L. BARNÉOUD & Cᵉ.